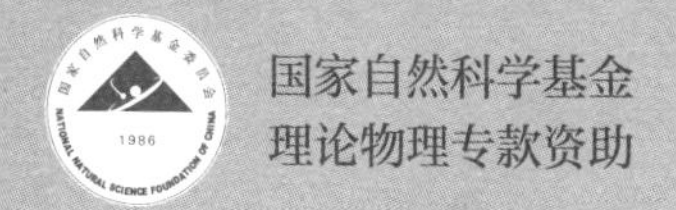

奇妙的粒子世界

黄涛　曹俊　◎著

图书在版编目 (CIP) 数据

奇妙的粒子世界 / 黄涛，曹俊著．—北京：北京大学出版社，2021.7
ISBN 978-7-301-32213-0

Ⅰ.①奇… Ⅱ.①黄… ②曹… Ⅲ.①粒子物理学－普及读物
Ⅳ.①O572.2-49

中国版本图书馆 CIP 数据核字 (2021) 第 104447 号

书　　名	奇妙的粒子世界
	QIMIAO DE LIZI SHIJIE
著作责任者	黄　涛　曹　俊　著
责任编辑	刘　啸
标准书号	ISBN 978-7-301-32213-0
出版发行	北京大学出版社
地　　址	北京市海淀区成府路 205 号　100871
网　　址	http://www.pup.cn　新浪微博：@ 北京大学出版社
电　　话	邮购部 010-62752015　发行部 010-62750672　编辑部 010-62754271
电子信箱	zpup@pup.cn
印 刷 者	北京宏伟双华印刷有限公司
经 销 者	新华书店
	880 毫米 × 1230 毫米　32 开本　5.375 印张　135 千字
	2021 年 7 月第 1 版　2022年 7 月第 2 次印刷
定　　价	39.00 元

前　言

本书以“奇妙的粒子世界”为题介绍粒子物理学的发展历程、概貌和前景. 人们对自然界的认识从宏观日常生活进入肉眼看不到的微观世界, 自一开始就遇到了很多奇妙的物理现象和科学规律.

粒子物理学 (或高能物理学) 探索微观世界中物质结构的最小组成成分及其性质和相互作用规律, 同时在探索宇宙的起源和演化中也起着重要的作用. 因此, 粒子物理学是研究小到物质最深层次结构, 大到宇宙的最前沿科学, 是揭示物质、能量、时间、空间本质的最基本科学.

历史上粒子物理学的发展大致经历了三个阶段. 在第一阶段 (1897—1937 年) 中, 基本粒子概念形成. 1897 年, 电子被发现, 成为粒子世界的第一个成员. 20 世纪 30 年代, 人们逐渐认识到, 物质结构的最小成分是电子、质子、中子和光子等基本粒子, 而量子力学成为原子物理学和原子核物理学的基本规律. 1937 年, μ 子在宇宙线中被发现, 粒子物理学进入了发展的第二阶段, 即基本粒子大发现时期. 1964 年, 以夸克模型为标志, 粒子物理学发展进入了第三阶段. 今天, 人类对物质结构的认识深入到夸克和轻子这一新层次, 粒子物理标准模型成为这一层次的基本规律.

电子的发现从科学实验上打开了进入原子世界的大门, 使人们逐步认识到物质结构的基本成分是原子, 原子的核心是原子核, 电子绕原子核运动, 催生了原子物理学. 1932 年, 中子被发现, 使人们认识到原子核由质子和中子结合而成, 原子核物理学得以建立. 1938 年, 核裂变被发现, 这是一种重原子核分裂成两个中等质量碎片的现象. 由于核力很强, 在一定条件下核裂变可以将多余的结合能释放出来. 1942 年, 核反应堆建成. 1945 年, 美国首次成功研制出原子弹并轰炸了日本, 显示了核能的巨大威力. 短短几年时间, 原子核的潜能和应用前景就得到了充分发掘. 核科学研究在第二次世界大战后受到各大国的重视, 加速了对物质结构深层次的探索. 粒子加速器的发明使得科学家们能在实验室中获得高能量的粒子束流. 在 1952 年美国布鲁克海文 (Brookhaven) 国家实验室建成了第一台质子同步回旋加速器之后, 世界上相继建立了若干加速器实验室, 开创了利用加速器研究基本粒子物理的新时代. 至 20 世纪 60 年代初, 新发现的基本粒子的数目越来越多, 达到了一百多种, 展现的粒子世界的奇妙现象也越来越多.

当对物质结构的探索深入到基本成分为夸克和轻子的层次时, 人们发现 "色味俱全" 的夸克被禁闭在强子内部, 物理图像完全不同于原子和原子核结构, 它们所遵从的动力学规律也完全不一样. 传递夸克之间强相互作用以及夸克和轻子之间弱相互作用的媒介粒子也具有很特殊的性质. 20 世纪 60—70 年代建立起来的夸克和轻子所遵从的标准模型理论出色地描述了由夸克和轻子演变而产生的各种实验现象, 经受住了 50 余年的实验检验.

至今唯一超出标准模型物理规律的实验现象是中微子具有微小质量, 且不同代中微子之间具有振荡现象.

本书前 4 章将简要地介绍粒子物理学发展的三个阶段, 之后 6 章将深入介绍现阶段粒子物理学中的奇妙现象和正在探寻的神秘的疑难科学问题.

作者力求科学性、知识性和趣味性并举, 深入浅出地介绍过去的 120 多年间粒子物理学的创生和发展. 特别是, 作者从事粒子物理学研究多年, 不仅深刻了解粒子物理学的历史, 而且可以把自身经历的片段穿插在文中, 这也是本书的独特之处. 希望读者从本书中增长知识、获益生趣, 激励出勇于探索、求真创新的精神.

黄涛、曹俊

2020 年 12 月

目　　录

第一章　物质最小单元之谜

§1.1　原子 —— 从哲学概念到科学学说

公元前 420 年左右, 古希腊思想家德谟克利特 (Democritus) (见图 1.1 左图) 提出了 “原子” (atom) 概念. 他认为, 所有物质经过一定次数的分割之后就不能再进一步分割了, 而这些不能再进一步分割的基本单元即原子. 原子在希腊文中的意思是不可分割的微粒. 在其学说中, 不同的原子具有不同的形态和重量. 公元前 300 多年, 中国战国时代的哲学家惠施 (惠子) (见图 1.1 右图) 说: “至大无外, 谓之大一; 至小无内, 谓之小一. ” “大一” 是说整个空间大到无所不包, 不再有外部; “小一” 是说物质最小的单元, 小到不可再分割, 不再有内部. 他认为物质世界是由微小的不可再分割的物质所构成. 这个最小的单元, 和德谟克利特称为原子的单元很类似. 这些是人类从哲学概念认识自然界的最早的原子论, 但是他们都没能说明原子或 “最小的单元” 具体是什么.

图 1.1　左图: 德谟克利特; 右图: 惠施

1803 年, 英国化学家道尔顿 (J. Dalton) (见图 1.2) 提出了基本单元概念, 开创了科学的原子学说. 他认为原子是不能破坏的小质点, 每种元素都有一种特定的原子, 相同的原子胶合在一起, 结合成宏观物质. 一种元素之所以不同于另一种元素, 是因为原子的质量和性质不同, 即一种原子与另一种原子之间的最基本物理差别在于它们的质量 (对应于后来的原子量). 两千多年来人们关于物质是由最小单元 —— 原子构成的思想由哲学的推理, 变成了科学的学说.

图 1.2 道尔顿

1869 年, 门捷列夫 (D. I. Mendeleev) (见图 1.3) 设计了

图 1.3 门捷列夫

一个新的分类系统 —— 元素周期表. 该表按照元素的原子质量的次序排列, 并预言了三种新元素 —— 锗、镓、钪. 人们很快发现了这三种新元素, 从而奠定了元素周期表的实验基础. 当时人们并不知道元素为何会排成这样一个周期表.

1912 年, 玻尔 (N. H. D. Bohr) (见图 1.4) 曾去英国卢瑟福实验室访问 4 个月, 那时正是卢瑟福 (E. Rutherford) 发现原子中有一核心的激动人心的时刻. 回到哥本哈根后, 玻尔致力于原子模型研究. 1913 年, 他构造出了玻尔原子模型, 指出原子里电子的排列样式决定了元素的性质. 玻尔认为, 经典电磁学不能用来描述原子内部的运动规律. 他的原子模型基于量子论解释了元素周期律, 推动了描述原子内部力学规律的理论 —— 量子力学的诞生, 是物理学进入新时代的标志. 1922 年, 玻尔获得诺贝尔物理学奖. 下一节将详细介绍玻尔原子模型.

图 1.4 玻尔

玻尔是一位杰出的原子物理学家. 有趣的是, 他很喜爱运动, 在青年时代还是丹麦一支球队的一个主要的后备守门员. 应吴有训邀请, 玻尔曾在 1937 年 5 月访问我国上海、南京、北京等地, 并做了多场学术报告. 玻尔的儿子 (A. N. Bohr) 在哥本哈根良好的物理学氛围的熏陶下成长为一位杰出的原子核物理学家, 并于 1975 年获得诺贝尔物理学奖. 玻尔父子是历史上少有的几对都获得了诺贝尔物理学奖的父子之一.

§1.2 人类对物质结构的认识从原子深入到原子核

元素周期表中每一种元素都是特定的原子. 早期人们认为原子是构成物质结构的最小单元. 但人类对物质结构的认识没有终止在这一层次, 而是继续更深入地探索物质结构的最小单元.

1897 年, 汤姆孙 (J. J. Thomson) (见图 1.5) 在实验上发现了电子. 汤姆孙做了用电场以及磁体使阴极射线偏转的实验, 证明了阴极射线是带负电荷的粒子, 它们的质量只是最小的原子 —— 氢原子的约 1/1800. 汤姆孙把这种带负电荷的粒子称为电子. 电子的质量约为 0.5 MeV①. 电子的发现从实验上打开了进入微观世界的大门, 从而也开启了原子物理、原子核物理和基本粒子物理学的新时代.

图 1.5 汤姆孙

1911 年, 卢瑟福 (见图 1.6 左图) 在用三年时间以 α 粒

① eV (电子伏) 本是能量单位, 1 eV $\approx 1.602 \times 10^{-19}$ J. 但在粒子物理学中, 习惯用其也表示粒子的质量, 此时 eV 所代表的质量实际上是 eV/c^2, 其中 c 为真空光速.

子束流轰击金属薄箔并反复进行实验后, 发现原子内部有一个小核心. α 粒子是天然放射性物质放射出来的, 带正电荷, 其质量要比电子重很多, 后来人们知道 α 粒子就是氦原子核. 实验中发现大多数入射的 α 粒子顺利通过金属薄箔, 偏转角很小, 但有的偏转角很大, 甚至接近 180°, 即反弹回来, 其概率仅约为 1/8000 (见图 1.6 右图). 卢瑟福由此断定, 原子内部有一个体积极小、密度很大的核心 —— 原子核, 从实验上证明了原子是由电子和原子核构成的. 在呈中性的原子内部, 原子核带正电, 电子绕原子核运动, 整个原子比原子核大约 10000 倍. 卢瑟福原子模型将原子中电子绕原子核的运动看作像行星绕太阳的轨道运动一样, 电子由于电磁相互作用在原子核外围做轨道运动. 后来人们发现, 与地球在绕太阳做轨道运动外还有自转类似, 电子除了绕原子核轨道运动外还有 "自转", 称为自旋[①]. 但在微观世界里自旋只能取整数和半整数, 例如电子的自旋为 $\frac{1}{2}$ (它的自旋角动量为 $\frac{1}{2}\hbar$, 其中 $\hbar = h/(2\pi)$, 称为约化普朗克常数, 而 h 是普朗克常数). 1919 年, 卢瑟福利用 α 射线轰击氮气靶实验, 首次实现了原子核的人工裂变, 并发现了其中的质子 (氢原子核).

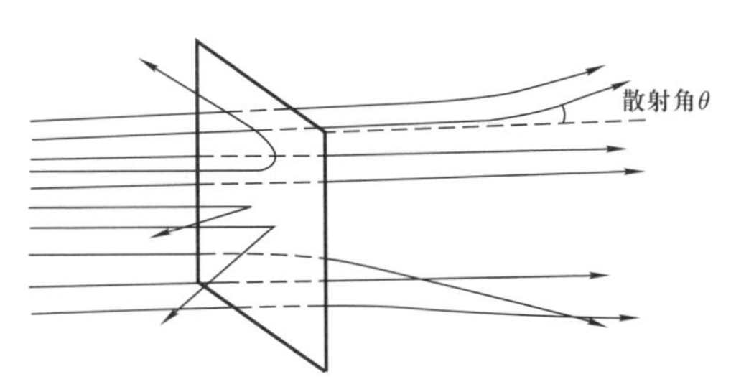

图 1.6 左图: 卢瑟福; 右图: 卢瑟福用 α 粒子束流轰击金属薄箔的示意图

① 这一图像很直观, 但并不严格, 粒子的自旋不能简单地解释为自转.

1913 年, 密立根 (R. A. Millikan) (见图 1.7) 油滴实验第一次测量了电子的电荷量为 $e = (4.774 \pm 0.009) \times 10^{-10}$ esu (静电单位, 相当于 3×10^{-9} C), 这就从实验上确证了元电荷的存在, 并使许多物理常数的计算获得了较高的精度.

图 1.7 密立根

1932 年, 查德威克 (J. Chadwick) (见图 1.8) 在约里奥–居里夫妇 (F. Joliot-Curie and I. Joliot-Curie) 工作的基础上, 通过进一步的实验, 发现了中子. 约里奥–居里夫妇用铍射线轰击石蜡和其他含氢物质, 观察到石蜡中放射出一种强粒子流. 由于当时人们错误地认为这种铍辐射是一种 γ 辐射, 从而对这种粒子流的放射现象难以做出解释. 查德威克根据约里奥–居里夫妇的实验, 敏锐地觉察到铍辐射绝不是 γ 辐射,

图 1.8 查德威克

很可能是由铍中射出的新的粒子组成的. 进而, 他在用 α 粒子轰击核的实验中发现了中子. 中子的发现使人类对物质结构的认识从原子核深入到质子 (p)、中子 (n) 这一层次. 此后, 海森堡 (W. K. Heisenberg) 和伊凡宁柯 (D. Iwanenko) 立即提出了原子核由质子和中子组成的假说. 不久, 这一假说获得验证. 至此人们认识到, 原子是由原子核和绕核运动的电子组成的, 而原子核由质子和中子通过很强的相互作用结合而成. 氢原子是最简单的原子, 它的原子核仅有一个质子. 除了氢原子核外, 所有原子核中, 带正电荷的质子的质量和都比原子核质量要轻. 由带正电的质子和不带电的中子组成的原子核带正电, 带负电的电子由于电磁相互作用束缚在原子核周围, 从而形成原子 (见图 1.9).

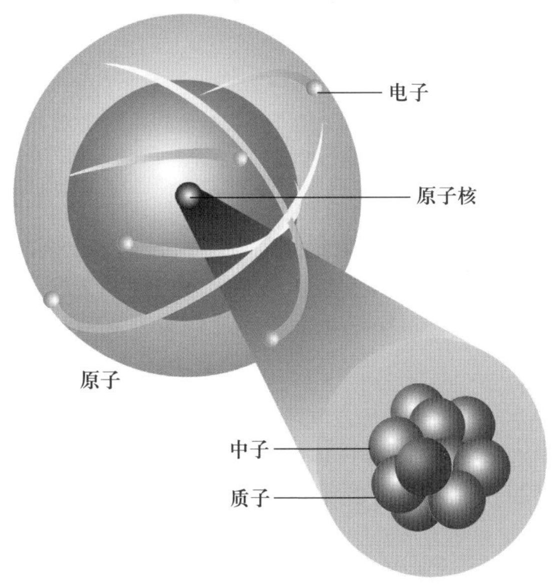

图 1.9 原子和原子核的示意图

卢瑟福的电子绕原子核做类似行星绕太阳运动的原子模型有根本性困难, 因为电子绕原子核运动就有加速度, 按经典电磁场理论, 这样的电子应以电磁波形式辐射能量, 轨道半径愈来愈小, 最终落在原子核上 (见图 1.10) , 因而原子必然是不稳定的. 然而, 实验上原子是稳定的. 同时, 由于辐射, 电子绕原子核转动的频率会不断地改变, 因而原子光谱应是连续光谱, 可实验表明, 原子辐射的光谱是一条一条很细的谱线, 即只有一定的分立频率的光被发射出来. 因此原子光谱实验与经典电动力学理论相矛盾, 卢瑟福原子模型对原子结构的描述遇到了疑难.

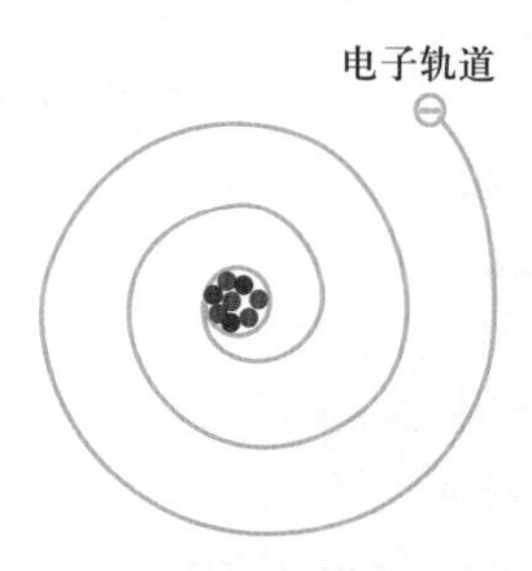

图 1.10 按经典电磁场理论, 电子会辐射能量, 最终落在原子核上

1913 年, 玻尔在从卢瑟福实验室回到哥本哈根后发表了著名的论文《论原子和分子结构》. 该论文分三期发表, 趣称三部曲. 他认为经典电磁学不能用来描述原子内部电子运动的规律. 玻尔基于量子论提出两点基本假定: (1) 原子中的电子只能在确定的轨道上运动, 这种运动状态称为定态. 每条轨道上的电子都具有一定能量, 这些能量只能取分立数值. (2) 电子从外层轨道跳到内层轨道时失去能量, 相反过程时吸收能量, 吸收和发射的电磁辐射频率正比于两个轨道间的能量差. 这就是玻尔的频率条件. 由此构造的原子模型解决了卢瑟福原子模型遇到的疑难, 且得到了一系列实验事实的支持, 从而解释了元素周期律、原子光谱和光的吸收及辐射等现象. 1914 年, 玻尔又到卢瑟福实验室访问, 后于 1916 年回到哥本哈根任教授.

玻尔的这两条基本假定完全不能用经典电磁学解释, 而实验事实则支持这种奇妙的物理图像. 电子为什么在固定的轨道上运动? 它在固定轨道上的运动规律, 即原子内部电子的运动规律是什么? 这些问题在玻尔的模型中没有答案. 然而, 正是这一模型直接导致了 20 世纪 20—30 年代量子力学的建立. 量子力学是描述微观粒子运动的基本理论, 有两种等价的表述 —— 波动力学和矩阵力学. 波动力学由薛定谔 (E. Schrödinger) (见图 1.11) 创立. 在这一表述中, 微观自由粒子的运动遵从薛定谔波动方程

$$\mathrm{i}\frac{\partial\psi}{\partial t} = -\frac{1}{2m}\nabla^2\psi,$$

图 1.11 薛定谔

其中 m 是粒子的质量, $\psi = \psi(\boldsymbol{x}, t)$ 为波函数, 它的模方 $|\psi|^2 \geqslant 0$, 可以解释为概率密度 (上式采用了自然单位制, 令 $\hbar = c = 1$). 量子力学能很好地解释原子结构、原子光谱的规律性、化学元素的性质、光的吸收及辐射等现象, 成为描述在原子、分子乃至更深层次上的微观世界的一个基本理论. 人们发现, 微观粒子, 如电子, 不仅具有粒子性而且具有波动性, 波粒二象性支配着微观世界的现象和规律.

20 世纪最初的二三十年是物理学发展的黄金时代. 相对论和量子力学两大基本规律的建立不仅影响着自然科学的发展, 而且带动了 20—21 世纪人类科学技术的大发展和工业上的巨大进步.

§1.3 基 本 粒 子

至 20 世纪 30 年代, 人们认识到质子、中子和电子是所有物质结构的基本单元, 加上传递电磁相互作用的光子以及 1932 年发现的正电子, 它们就是当时所认为的构成自然界万物的基本粒子. 这样, 人类对物质结构的认识进入基本粒子的层次, 开创了基本粒子物理学这一新学科.

光子概念的提出也经历了一段有趣的过程. 1905 年, 爱因斯坦 (A. Einstein) (见图 1.12) 提出, 光波不是连续的, 而

图 1.12 爱因斯坦

是具有粒子性, 并称这种粒子为光量子. 这一革命性的光量子概念使爱因斯坦获得了 1921 年诺贝尔物理学奖. 1923 年, 康普顿 (A. H. Compton) (见图 1.13) 成功地用光量子概念解

图 1.13 康普顿

释了 X 射线被物质散射时波长变化的康普顿效应, 从而光量子概念被广泛接受和应用, 并于 1926 年正式被命名为光子. 光子具有波粒二象性.

1905 年, 爱因斯坦在 26 岁的时候发表了 3 篇具有里程碑意义的科学论文. 这 3 篇论文发表在 1905 年德国科学期刊《物理年鉴》(*Annalen der Physik*) 的同一卷上. 关于光量子的文章是第 1 篇, 第 2 篇论文解释了布朗运动, 第 3 篇论文提出了狭义相对论, 推翻了既有的时空概念. 1915 年, 他又提出了广义相对论, 建立了突破牛顿引力理论的引力方程, 预言了引力波的存在. 这些伟大成就影响了 20—21 世纪科学技术的发展. 爱因斯坦堪称 20 世纪最伟大的科学家.

1922 年, 康普顿等通过 X 射线的散射实验, 发现了用经典理论无法解释的实验结果. 他指出: 散射应遵从能量守恒和动量守恒定律, 出射 X 射线波长变长证明 X 射线光子带有量子化动量. 他采用单个光子和自由电子的简单碰撞理论, 对这个效应做出了满意的解释. 康普顿效应进一步证实了爱因斯坦的光子理论, 揭示出光的波粒二象性, 阐明了电磁辐射与物质相互作用的基本规律. 康普顿因此获得了 1927 年诺贝尔物理学奖. 中国物理学家吴有训 (见图 1.14) 在康普顿实验室做了大量实验, 对康普顿效应做出了宝贵的贡献.

图 1.14 吴有训

量子力学成功地解释了原子、分子内微观粒子运动以及光的吸收和辐射等现象, 但它不能用来描述与高速运动微观粒子相关的物理现象. 1928 年, 狄拉克 (P. A. M. Dirac) (见图 1.15) 创立了相对论量子力学 —— 狄拉克方程. 但人们发现此方程有负能解, 很难从物理上来解释. 因为如果此负能解存在, 那么意味着自然界没有稳定的最低能态. 为了克服狄拉克方程的负能解的困难, 次年狄拉克提出了空穴理论. 这一理论假定, 物理的真空态中, 所有的负能级都被电子占满, 或者形象地说自然界被这些 "电子海" 包围. 由于泡利不相容原理, 海中不能再容纳新的电子, 从而保证了正能物理态的稳定. 当负能海中的一个电子被激发到正能级时, 在海中就留下了一个空穴. 这个空穴, 对于观测者来说, 与电子有相同的质量, 但却有正能量、正电荷, 因而代表了电子的反粒子 —— 正电子. 这样, 空穴理论不仅预言了正电子的存在, 还能自然地解释正负电子对的产生和湮灭. 一般地讲, 相对论性量子力学预言所有自旋为 1/2 的粒子, 如电子、质子、中子等都有质量和它们相同的反粒子. 1932 年, 安德森 (C. D. Anderson) (见图 1.16) 在利用放在强磁场中的云室记录宇宙线粒子时, 发现了第一个反粒子 —— 正电子 (电子的反粒

图 1.15 狄拉克

子), 并以此成果于 1936 年获得了诺贝尔物理学奖. 正电子是第一个被发现的反粒子. 20 世纪 50 年代中期以后, 人们陆续发现了其他粒子的反粒子.

图 1.16 安德森

其实, 我国核物理学家赵忠尧 (见图 1.17) 应该是第一个发现正电子的人. 1927 年, 赵忠尧在美国加州理工学院师从密立根教授, 从事 "硬 γ 射线通过物质时的吸收系数" 测量. 1930 年, 他最先测量到 γ 射线通过重物质时发生的反常吸收和特殊辐射, 并且测出这种特殊辐射的能量为 0.5 MeV, 大约等于电子的质量, 这正是正电子存在的迹象. 安德森后来也承认他发现正电子的实验是受到了赵忠尧实验结果的启发.

图 1.17 赵忠尧

1930—1931 年, 泡利 (W. E. Pauli) (见图 1.18) 提出了中微子存在的猜想. 20 世纪初, 人们已经观测到许多放射性核素都会发射出电子, 并将这种方式发射出来的电子命名为 β 粒子, 相应的过程称为原子核 β 衰变. 如果是末态只有衰变后的原子核加电子的两体衰变过程, 按能量守恒, 电子应具有确定的能量值. 1914 年, 查德威克发现在 β 衰变中放射出来的电子不具有确定的能量值, 这意味着电子丢失了能量. 丢失的能量到哪里去了? 这表明在 β 衰变中存在 "能量危机". 经过多次测量衰变产生的电子的能量, 人们发现它在一定的范围内有一个能谱分布, 这个分布的最大值正等同于衰变后的原子核的能量. 因此核物理学家面临是否应放弃自然界能量守恒定律的疑难. 当时, 对于这一疑难科学家们有两种态度: 一种是放弃能量守恒定律, 另一种是相信能量守恒定律. 1930 年 12 月 4 日, 泡利给当时正在德国图宾根参加放射性会议的科学家们写了一封信, 信中提出了他的猜想: β 衰变中能量可能被一种看不见的中微子带走了. 这挽救了能量守恒的危机. 他写信的目的是告诉参会的科学家们, 他因参加了一个通宵舞会而不能前去参加会议. 1931 年 6 月, 泡利在美国加州召开的美国物理学会年会上公开表达了他的观点: 在

图 1.18 泡利

原子核 β 衰变中能量还是守恒的, 只不过放射出来的除了电子, 还伴随有一个看不见的粒子, 它不带电荷、质量微小, 很难与别的物质发生相互作用, 却带走了部分能量. 只要假定中微子存在, 这里对能量守恒定律的疑难就会迎刃而解. 当时, 泡利将这种粒子命名为 "中子" (neutron). 1932 年, 如今所说的中子被发现后, 费米 (E. Fermi) 将泡利的 "中子" 更名为 "中微子" (neutrino). 1933 年, 泡利在著名的物理大师齐集的索尔维会议上再次提出了中微子假说, 并为物理学大师们接受. 可是中微子不带电荷, 与其他物质的相互作用截面太小, 几乎可以不受阻碍地穿过整个地球, 太难以测量, 因此被称为幽灵粒子. 此后科学家们为了证实这种想法, 努力寻找中微子. 直至 1956 年, 莱因斯 (F. Reines) 和考恩 (C. L. Cowan) 才用核反应堆发出的反中微子与质子碰撞, 在实验上直接证实了电子中微子的存在.

电子、质子、中子、光子、猜想的中微子是 20 世纪 30 年代物质结构的最基本单元, 从而形成了物质结构的新层次 —— 基本粒子. 1927 年, 历史上著名的第五届索尔维会议的主题就是 "电子和光子". 这次会议非同寻常, 它集中了开创现代物理学和化学的很多位伟大科学家, 其中有前面各节提到的对粒子物理学做出重要贡献, 特别是创立了量子力学和相对论两大基石的大师们 (见图 1.19). 玻尔和爱因斯坦关于量子力学的著名争论也发生在此次会议上.

从 1897 年发现电子至 20 世纪 30 年代, 人类对物质结构最小单元的探索从最早的原子, 到原子核, 再逐步深入到基本粒子层次, 形成了基本粒子概念, 这是粒子物理学发展的第一阶段.

图 1.19 前排左起: 朗缪尔 (I. Langmuir)、普朗克、居里夫人 (Mrs Curie)、洛伦兹 (H. A. Lorentz)、爱因斯坦、朗之万 (P. Langevin)、居伊 (Ch. E. Guye)、威尔逊 (C. T. R. Wilson)、理查森 (O. W. Richardson); 中排左起: 德拜 (P. Debye)、克努森 (M. Knudsen)、布拉格 (W. L. Bragg)、克拉默斯 (H. A. Kramers)、狄拉克、康普顿、德布罗意 (L. V. de Broglie)、玻恩 (M. Born)、玻尔; 后排左起: 皮卡德 (A. Picard)、亨里厄特 (E. Henriot)、埃伦费斯特 (P. Ehrenfest)、赫森 (Ed. Hersen)、德唐德 (Th. De Donder)、薛定谔、费斯哈费尔特 (E. Verschaffelt)、泡利、海森堡、福勒 (R. H. Fowler)、布里渊 (L. Brillouin)

第二章　基本粒子并不“基本”

§2.1　质子和中子靠什么力结合成极小的原子核?

20 世纪 30 年代初, 一个很大的疑难是质子和中子如何才能紧密结合在 10^{-12} cm 大小的原子核中. 原子中原子核带正电, 电子带负电, 原子核靠电磁力将电子束缚住, 使其绕原子核运动. 人们试图利用当时已知的电磁相互作用来解释质子和中子结合成原子核的机制, 但都不能解释原子核的稳定性和其仅占原子万分之一的尺度. 1935 年, 汤川秀树 (H. Yukawa) (见图 2.1) 基于同带电粒子之间通过交换光子发生电磁相互作用的类比, 提出了质子和中子通过交换一种未知的介子 (其质量约为 $100 \sim 200$ MeV, 介于质子和电子之间, 故称为介子) 形成原子核内很强的束缚力的理论. 这种力是短程力, 而交换无质量光子的电磁相互作用是长程力. 汤川秀树的介子交换理论不仅提出了解决核力疑难的方案, 而且开创了强相互作用的研究历史. 人们试图在实验上找到这种

图 2.1　汤川秀树

介子. 1937 年, 安德森和尼德迈耶 (S. H. Neddermeyer) 在宇宙线实验中发现了一种新粒子, 其质量是电子质量的 207 倍. 一开始人们以为它就是传递核力的 π 介子, 后来知道它是不稳定的粒子, 可衰变成电子、一个中微子和一个反中微子, 平均寿命为 2×10^{-6} s, 自旋为 $\hbar/2$, 被称为 μ 子. 1947 年, 孔韦尔西 (D. Conversi) 等人用计数器统计方法发现, μ 子并不参与强相互作用. 对此直接的证明, 是 1948 年由中国科学家张文裕 (见图 2.2) 用云室研究 μ 子同金属箔直接相互作用得到的. 后来 μ 子和电子以及中微子被归于一类, 统称为轻子. 1947 年, 鲍威尔 (C. F. Powell) (见图 2.3) 等人在宇宙线中利用核乳胶的方法发现了真正参与强相互作用的 π 介

图 2.2 张文裕

图 2.3 鲍威尔

子, 并因此获得了 1950 年诺贝尔物理学奖. 其后, 人们在加速器上也证实了这种介子的存在. 它们的质量约是电子质量的 270 倍, 带有正电荷或负电荷, 被称为 $\pi^{\pm}$ 介子. 1950 年, 不带电的 π^0 介子被发现. π 介子的发现证实了强相互作用的汤川介子交换理论, 并为一系列实验验证, 至今仍是描述核力的有效理论. 汤川秀树于 1949 年获得了诺贝尔物理学奖. 汤川秀树和后面要提到的朝永振一郎 (S. Tomonaga, 1965 年获诺贝尔物理学奖) 是 20 世纪影响国际物理学发展的两位日本科学家.

人们分析了原子核能谱以及核子间散射的大量实验数据, 在此基础上得到了核力的重要特点 —— 电荷无关性. 所谓电荷无关性是指, 在核力中如果忽略质子和中子的微小质量差, 略去质子间的库仑力, 那么, 质子间的作用力、中子间的作用力、中子与质子间的作用力都是相同的. 它们除了电荷不同外其他性质都相同, 即质子和中子在强相互作用下的性质与它们是否带电无关. 这就是说如果仅考虑强相互作用, 那么质子和中子可以视为一种粒子 —— 核子 N (质子和中子的总称) 的二重态, 或者说质子和中子只不过是核子在某种抽象空间中的两种不同取向. 卡森 (B. Cassen) 和康登 (E. Condon) 于 1936 年引入了 SU(2) 同位旋空间, 将核子 N 向上和向下两种取向分别对应于质子态 (p) 和中子态 (n), 并分别记为 $\begin{pmatrix}1\\0\end{pmatrix}$, $\begin{pmatrix}0\\1\end{pmatrix}$, 它们相应于同位旋 $T=\dfrac{1}{2}$ 的两个本征态. 这样核子可表示为同位旋空间旋量

$$N=\begin{pmatrix}\psi_{\mathrm{p}}\\ \psi_{\mathrm{n}}\end{pmatrix},$$

其中 p 对应同位旋第三分量 $T_3=\dfrac{1}{2}$, n 对应 $T_3=-\dfrac{1}{2}$. 1938 年, 凯默 (N. J. Kemmer) 进一步将同位旋概念扩充到介子场理论中, 建立了核力的 SU(2) 对称性理论. 汤川秀树最初提出

的介子是荷电的, 仅有正、负两种. 凯默理论的直接结果表明, 除了带正负电荷的介子之外, 还应当有不带电荷的中性 π^0 介子, 三种介子的质量应当相同. 对于 π 介子来讲也有与质子和中子类似的性质, 如果略去电磁相互作用, π^+, π^-, π^0 也可以视为同一种粒子, 可以认为它们是 SU(2) 同位旋 $T = 1$ 的三重态.

20 世纪 40—50 年代, 人们只能借助从太空来的高能宇宙线在探测器中的径迹发现新粒子及其性质, 可以说在当时的条件下只能靠天吃饭. 1947 年, 罗切斯特 (G. Rochester) 和巴特勒 (C. Butler) 在宇宙线研究云室里发现了源于一点的两条径迹, 呈倒 V 形状. 实验结果表明, 他们发现了一个未知的中性粒子衰变成两个次级带电粒子的过程, 这个中性粒子被称为 V 粒子. 1950 年, 安德森从云室照片中证实了 V 粒子的发现. 他们在宇宙线中发现的 V 粒子就是后来所说的 Λ 粒子和 K 介子. 人们进而发现, K 介子寿命长, 大约为 10^{-8} s, 比依据强相互作用估计的长 1000 万亿 (10^{15}) 倍. 因为这种粒子寿命特别长, 人们称它们为奇异粒子.

在宇宙线研究中, 云室是直观的径迹探测器, 但云室在对较高能量的粒子做探测时, 在粒子通过水蒸气时留不下任何径迹. 1952 年, 格拉泽 (D. A. Glaser) (见图 2.4 左图) 发明了

图 2.4　左图: 格拉泽; 右图: 阿尔瓦雷茨

泡室探测器. 由于泡室是液体的, 相比气体云室的好处是可以记录径迹很长的高能粒子, 能留下宇宙线粒子和靶核作用的全过程. 后来, 阿尔瓦雷茨 (L. W. Alvarez) (见图 2.4 右图) 大力发展了泡室技术, 并立即建造了充液氢、液氦等的大泡室. 他还发展了与加速器提供的粒子脉冲同步的数据分析方法, 大大提高了探测能力. 随着探测器技术的提高, 在液氢泡室中 π^- 介子与质子 (即氢原子核) 作用产生的双 V 形径迹的事例被观察到. 如图 2.5 所示, 该过程为 $\pi^- + \mathrm{p} \to \Lambda + \mathrm{K}^0$. Λ 粒子和 K 介子是中性粒子, 不留下径迹, 它们分别继续以 $\Lambda \to \mathrm{p} + \pi^-, \mathrm{K}^0 \to \pi^+ + \pi^-$ 过程衰变, 次级粒子带电荷, 形成两个 V 形径迹. 这就是后来被称为奇异粒子的一系列新粒子发现的开始. 这些新发现的粒子都是不稳定的, 除 π^0 介子外 (它的寿命是 10^{-16} s), 它们的平均寿命都在 10^{-10}~10^{-6} s 之间.

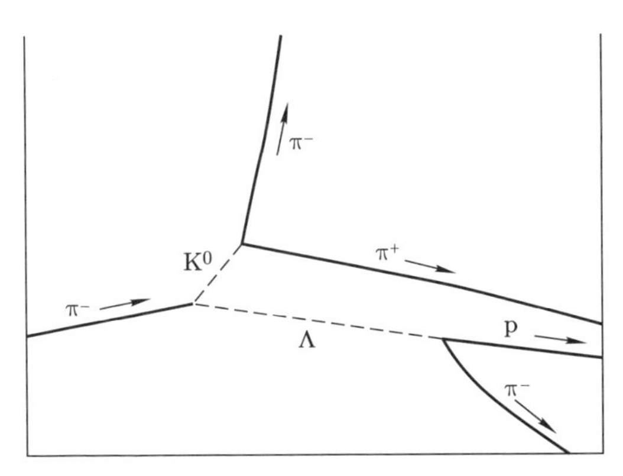

图 2.5 π^- 介子与质子 (即氢原子核) 作用产生的双 V 形径迹的事例

实验上还发现, 这些奇异粒子在强相互作用产生过程中总是联合产生, 如上述过程中 Λ 与 K^0 不会单独生成. 奇异粒子联合产生的事实启发人们尝试用一个新的量子数 S 来对其进行解释, 即反应前后总的奇异量子数 $S=0$. 反应前的 π^- 和 p 不是 "奇异粒子", 而反应后奇异粒子 Λ 的 $S=-1$,

K^0 的 $S=+1$. 这说明在强相互作用中奇异量子数是守恒的. 1954 年, 盖尔曼 (M. Gell-Mann) 和西岛和彦 (K. Nishijima) 提议牵涉到奇异粒子的强相互作用产生过程具有某种新的对称性和守恒定律, 相应的守恒量为奇异数 S. 与电荷一样, 奇异数是新奇异粒子携带的另一种基本特性, 在强核力作用下反应前后的总奇异数是相同的. 这种精确的奇异数守恒定律禁止了最轻的奇异粒子在强相互作用下发生衰变, 它们只能通过弱相互作用衰变, 因而有较长的寿命. 盖尔曼和西岛和彦还建议了一个定量公式, 将未发现这种奇异粒子之前的 $Q=T_3+\frac{B}{2}$ 推广为

$$Q=T_3+\frac{B}{2}+\frac{S}{2}.$$

Q 是电荷 (以 e 为单位的值), 是守恒量. B 是重子数, 定义所有核子和比核子重的旋量粒子的重子数为 +1, 它们的反粒子的重子数为 –1, 那么在反应过程中净重子数 (重子个数减去反重子个数) 是守恒的. 原子核的稳定性表明重子数守恒是自然界中的基本定律. T_3 是前面介绍的同位旋第三分量. 例如质子 $T_3=\frac{1}{2}$, $Q=1$, $B=1$, 因而 $S=0$. 中子 $T_3=-\frac{1}{2}$, $Q=0$, $B=1$, 因而 $S=0$. 如果引入超荷 $Y=B+S$, 则

$$Q=T_3+\frac{Y}{2}.$$

所有已发现的基本粒子的量子数都满足此等式. 这一等式表明, 三个量子数 Y, Q, T_3 中只有两个是独立的, 通常选择超荷 Y 和同位旋第三分量 T_3 为两个独立变量. 下面可以看到, 这在他们提出的对所有已发现的基本粒子分类的八重法及由此而创立的夸克模型中起着重要的作用.

§2.2 基本粒子大发现时期

1937 年, μ 子在宇宙线中被发现. 1947 年, π 介子和奇异粒子被发现. 人们的视野已不仅限于原子和原子核内部结

构, 而是进一步探寻自然界除了电子、质子、中子、光子等以外还有没有更多的基本粒子.

从宇宙线寻找基本粒子是靠天吃饭. 粒子加速器的发明, 使人类用加速器对粒子加速就可以得到过去只有在宇宙线里才能有的高能量粒子, 物理学家们可以在精确控制下选择不同的束流做研究基本粒子的实验.

1930 年, 劳伦斯 (E. O. Lawrence) (见图 2.6) 发明了回旋

图 2.6 劳伦斯

加速器, 那时它基本上是一个模型玩具. 1952 年, 美国布鲁克海文国家实验室 (BNL) 建成了第一台质子同步回旋加速器, 粒子能量达到 3 GeV. 这是人类第一次在实验室中利用加速器装置将质子加速到宇宙线粒子能量. 这一加速器称为 Cosmotron. 不久, 1954 年, 伯克利实验室建成了 6 GeV 同步回旋加速器 (Bevatron) (见图 2.7). 人们利用加速器装置发现了更多的奇异粒子和其他基本粒子. 在这些奇异粒子中, 有质量比质子轻的奇异介子 $K^\pm$, K^0 和 $\overline{K}^0$, 有质量比质子重的各种超子, 包括 Λ^0, $\Sigma^\pm$, Σ^0, Ξ^0 和 Ξ^- 等. 1955 年, 塞格雷 (E. Segrè) (见图 2.8 左图) 和张伯伦 (O. Chamberlain) (见图 2.8 右图) 发现了反质子, 并因此获得了 1959 年诺贝尔物理学奖.

图 2.7 6 GeV 同步回旋加速器 (Bevatron)

图 2.8 左图: 塞格雷; 右图: 张伯伦

1957 年, 苏联在杜布纳建造了一台“同步稳相质子加速器”, 其能量达到了 10 GeV. 其中第一个带电的反超子 $\bar{\Sigma}^-$ 是由中国的王淦昌 (见图 2.9) 等在 1959 年利用这台加速器发现的. 1959 年 11 月, 欧洲核子研究中心 (CERN) 建成了一台 28 GeV 的质子同步回旋加速器. 同时期美国布鲁克海文国家实验室建造了一台新的 AGS (交变梯度同步回旋加速器), 能量为 30 GeV, 投入运行后, 于 1964 年很快发现了 Ω^- 粒子. 这一发现验证了基本粒子八重法分类的正确性, 为提出夸克模型奠定了基础.

如上所述, 20 世纪 50 年代世界上已经建立了若干利用质子同步回旋加速器的实验室, 开创了利用加速器研究基本粒子物理的时代. 加速器产生的粒子束的能量从几 MeV 到

图 2.9 王淦昌

GeV 量级, 乃至 30 GeV. 人类认识到的基本粒子的数目越来越多, 除了上述 μ 子、π 介子和奇异粒子外, 还发现了一系列共振态粒子. 第一个共振态粒子是 1952 年发现的 (3, 3) 共振态. 利用加速器上产生的 π 介子束流打靶来研究与核的相互作用的实验, 发现了奇妙的现象: 散射截面随着能量增加而出现了一个清晰的峰, 然后很快地下降, 其峰值在 1236 MeV, 对应的共振态粒子很快衰变为 π-N, 寿命仅是 10^{-22} s. 这个共振态粒子的自旋为 3/2, 同位旋也为 3/2, 因此称为 (3,3) 共振态, 后来记为 Δ^{++} 粒子. 20 世纪 60 年代, 随着高能加速器的发展, 人们在加速器实验中发现了一大批共振态粒子, 它们的寿命极短, 约为 $10^{-23} \sim 10^{-22}$ s. 这些共振态粒子分为两类: 一类是重子数为 1 的重子, 如 $\Delta^{++}, \Delta^{+}, \Delta^{0}, \Delta^{-}$ 等, 另一类是重子数为 0 的介子, 如 ρ^{+}, ω 等. 这意味着粒子物理学发展从形成基本粒子概念阶段进入了基本粒子大发现阶段.

20 世纪 60 年代初, 已发现的基本粒子多达一百余种, 按照相互作用可以分为两类: 一类是直接参与强相互作用的粒子, 如质子、中子、π 介子、奇异粒子和一系列的共振态粒子等, 统称为强子. 强子又分为自旋为半整数的重子和自旋为整数的介子, 它们分别遵从费米统计和玻色统计. 另一类是不直接参与强相互作用, 只直接参与电磁、弱相互作用的粒子, 如电子、μ 子和中微子等, 统称为轻子. 1962 年, 莱德曼 (L. Lederman) (见图 2.10 左图)、施瓦茨 (M. Schwartz) (见图 2.10 中图) 和斯泰因贝格尔 (J. Steinberger) (见图 2.10 右图) 在美国布鲁克海文国家实验室的加速器上做了用质子束打击铍靶的实验, 发现了与 μ 子相伴的 μ 子中微子 ν_μ. 它和与电子相伴的电子中微子 ν_e 是不同的中微子, 证实自然界存在两种中微子, 或者说中微子有“味道”的属性 (详见第四章).

图 2.10 左图: 莱德曼; 中图: 施瓦茨; 右图: 斯泰因贝格尔

§2.3 基本粒子周期表

20 世纪 60 年代, 随着高能加速器的发展, 人们在加速器实验中发现了一大批直接参与强相互作用的粒子, 它们的寿命极短, 经强相互作用衰变, 称为共振态. 同时, 实验还证实了不仅电子, 所有的粒子都有它的反粒子 (有的粒子的反粒子就是它自身, 如 π^0, η 等). 基本粒子的大量发现, 使人们开始怀疑这些所谓基本粒子的基本性, 基本粒子的概念面临一个突变.

再简要地回溯一下历史. 1932 年, 查德威克发现了中子, 当时人们认为自然界中存在三种基本粒子: 质子、中子、电子, 质子和中子组成原子核, 而原子由原子核和绕核运动的电子组成, 自然界的万物就是由这三种基本粒子构成的. 1947 年, π 介子被发现. 1949 年, 费米和杨振宁提出并非所有基本粒子都 "基本" 的想法, 认为 π 介子不是基本的, 基本的是核子 (质子 p 和中子 n), 而 π 介子只是由核子 (p, n) 和反核子 $(\overline{\mathrm{p}}, \overline{\mathrm{n}})$ 构成的结合态, 例如 $\pi^+ = (\mathrm{p}, \overline{\mathrm{n}}), \pi^- = (\overline{\mathrm{p}}, \mathrm{n})$. 随着被发现的基本粒子数目不断增加, 1955 年, 坂田昌一 (S. Sakata) 扩充了费米和杨振宁的模型, 提出了强子是由质子 p、中子 n 和 Λ 超子以及它们的反粒子构成的 SU(3) 模型, 它的三个基是 $(\mathrm{p}, \mathrm{n}, \Lambda)$. 坂田模型可解释介子的分类, $\pi^+ = (\mathrm{p}, \overline{\mathrm{n}}), \pi^- = (\overline{\mathrm{p}}, \mathrm{n}), \mathrm{K}^+ = (\mathrm{p}, \overline{\Lambda}), \cdots$, 但解释重子的分类有很大的困难.

1958 年, 霍夫施塔特 (R. Hofstadter) (见图 2.11) 所做的电子打质子的弹性散射实验

$$\mathrm{e}(k) + \mathrm{p}(p) \to \mathrm{e}(k') + \mathrm{p}(p')$$

表明, 质子并不是一个点粒子, 而是有电荷分布, 其分布表现为电磁形状因子. 实验还测得质子半径大小约为 10^{-13} cm. 这意味着质子具有内部结构, 不是 "基本" 的.

图 2.11　霍夫施塔特

1961 年, 盖尔曼和内曼 (Y. Neemann) 提出了用强相互作用的 SU(3) 对称性来对强子进行分类的 "八重法". 这

种分类非常像门捷列夫周期表对元素 (原子) 的分类. 我们先不解释 SU(3) 对称性如何生成八重法分类, 而是以直观的物理图像看分类的结果. 如果在盖尔曼–西岛的公式中选择超荷 Y 和同位旋第三分量 T_3 两个独立变量, 并以超荷 $Y = B + S$ 为纵坐标, 同位旋 T_3 为横坐标, 将同一自旋和宇称的强子填充在一个图中就可以很好地将所有强子分类. 如图 2.12 所示, 强子中自旋为 0、宇称为负的赝标介子八个一组 $(\pi^+,\pi^-,\pi^0,\mathrm{K}^+,\mathrm{K}^-,\mathrm{K}^0,\overline{\mathrm{K}}^0,\eta)$ 按超荷和同位旋填充在一个图中, 强子中自旋为 1、宇称为负的矢量介子八个一组 $(\rho^+,\rho^-,\rho^0,\mathrm{K}^{*+},\mathrm{K}^{*-},\mathrm{K}^{*0},\overline{\mathrm{K}}^{*0},\omega)$ 按超荷和同位旋填充在一个图中, 强子中自旋为 1/2、宇称为正的重子八个一组 $(\mathrm{p},\mathrm{n},\Sigma^+,\Sigma^-,\Sigma^0,\Xi^0,\Xi^-,\Lambda)$ 按超荷和同位旋填充在一个图中, 强子中自旋为 3/2、宇称为正的重子十个一组 $(\Delta^{++},\Delta^+,\Delta^0,\Delta^-,\Sigma^{*+},\Sigma^{*-},\Sigma^{*0},\Xi^{*0},\Xi^{*-},\Omega^-)$ 按超荷和同位旋填充在一个图中. 其中图 2.12(d) 中最下面的 Ω^- 粒子在提出八重法分类时尚未被发现, 其存在是从已知的 9 个不同奇异数粒子之间的质量差预言的, 且得出了其质量为 $m(\Omega^-)=1676$ MeV. 1964 年, 实验上发现了 Ω^- 粒子, 测得其质量为 $m(\Omega^-) = (1672.45 \pm 0.29)$ MeV, 其量子数和质量与理论预言准确一致.

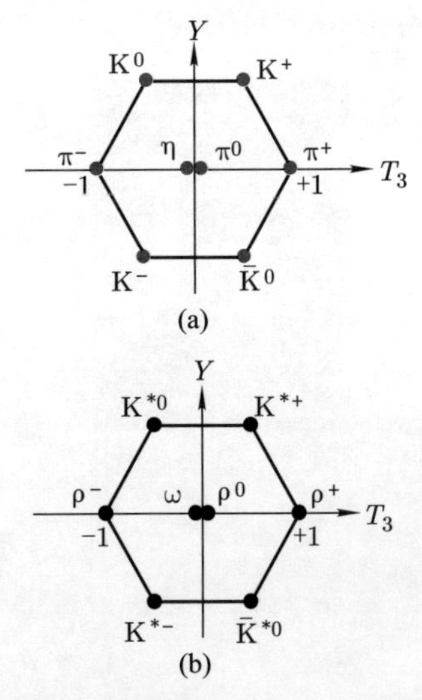

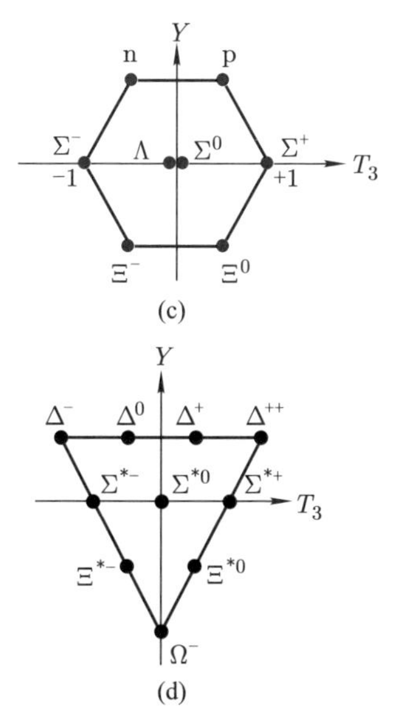

图 2.12 (a) 自旋为 0、宇称为负的赝标介子; (b) 自旋为 1、宇称为负的矢量介子; (c) 自旋为 1/2、宇称为正的重子; (d) 自旋为 3/2、宇称为正的重子

以上的分类图, 从数学上讲相应于 SU(3) 对称群的不同表示, 这意味着当时所有发现的强子都可以正确无误地填充在相应的 SU(3) 群表示图中. 八重法分类很好地说明了当时已经发现的强子的自旋、宇称、电荷、奇异数以及质量等静态性质的规律性, 这完全证实了强子按 SU(3) 对称性分类的正确性.

第二次世界大战结束后, 各国竞相开展原子核及深层次物质结构的研究, 大大促进了粒子加速器装置的不断升级. 随着粒子束能量和束流强度的不断提高, 科学家们从各种实验中发现了大量的基本粒子. 从 20 世纪 50 年代初到 60 年代初的十多年时间是基本粒子大发现时期. 基本粒子大量发现和强相互作用 SU(3) 对称性的建立使得人们自然要问, 难道成百种强子都是构成物质的 "基本" 粒子吗? 更重要的是, 实验事实表明这些基本粒子并不基本，基本粒子的概念面临一个突变，科学界逐渐以“粒子物理学”这一称呼代替了“基本粒子物理学”.

从 1937 年 μ 子在宇宙线中被发现到 1964 年大量基本粒子被发现，这是粒子物理学发展的第二阶段.

第三章 微观世界的两种神秘的相互作用

§3.1 自然界中的四种相互作用

日常生活中最常见且经典物理学中研究最多的相互作用是引力和电磁相互作用. 在微观物理现象中, 电磁相互作用使得电子束缚在原子核周围形成原子. 随着原子核物理学的发展, 人们发现自然界还存在两种神秘的相互作用 —— 强相互作用和弱相互作用.

弱相互作用过程中最早被发现的是在原子核中的 β 衰变现象. 原子核的 β 衰变过程的末态是衰变后的原子核加电子再加中微子, 其基本过程为原子核内中子衰变为质子加电子再加中微子, 即 $\mathrm{n} \to \mathrm{p} + \mathrm{e}^- + \bar{\nu}_\mathrm{e}$. 弱相互作用只在微观物理中才会明显地表现出来, 是短力程的相互作用.

将质子、中子结合在一起形成极小的 ($\sim 10^{-12}$ cm) 原子核的核力属于强相互作用, 显然它要比形成原子 ($\sim 10^{-8}$ cm) 的电磁相互作用强很多. 实验上由介子和核子碰撞生成奇异粒子和一系列共振态粒子的过程也是强相互作用过程. 强相互作用与电磁相互作用完全不同, 它是短程力, 仅存在于微观物理现象之中. 相互作用的强弱还表现在由强相互作用所引起的反应和转化过程要比电磁相互作用过程快得多. 电磁相互作用所需的时间大约在 $10^{-19} \sim 10^{-16}$ s 之间, 而强相互作用反应过程的时间约 $10^{-23} \sim 10^{-21}$ s, 异常迅速. 弱相互作用对原子核的结合能的贡献是微不足道的, 它比强相互作用弱得多, 而且反应过程很慢, 所需要的时间在 10^{-10} s 以上.

引力、电磁相互作用、弱相互作用、强相互作用是自然界中的四种基本相互作用. 引力和电磁相互作用在微观物理中也起作用, 但由于引力影响很小, 在目前的实验能量范围内可以忽略.

实验上已发现的粒子大多数是参与强相互作用的强子 (如质子、中子、π 介子、奇异粒子和一系列共振态粒子等). 强子分为自旋为半整数的重子和自旋为整数的介子, 它们分别遵从费米统计和玻色统计. 少部分粒子是不参与强相互作用的轻子 (电子、μ 子和相应的中微子). 轻子只参与电磁相互作用和弱相互作用. 还有传递电磁相互作用的光子. 此外还有理论上预言其应该存在, 但尚未得到实验证实的引力场量子 —— 引力子. 因此按相互作用的性质, 可将当时已发现的上百种粒子分成光子、轻子、强子和引力子四类 (见表 3.1).

表 3.1 粒子按相互作用分类

	引力	电磁相互作用	弱相互作用	强相互作用	例
光子	∨	∨	—	—	γ
轻子	∨	∨	∨	—	e, μ, ν
强子	∨	∨	∨	∨	π, K, p
引力子*	∨	—	—	—	g

*尚未在实验中发现.

§3.2 弱相互作用

原子核物理中的 β 衰变现象是最早发现的弱相互作用过程. 实验中发现, 从原子核中放射出来的电子的能量在一定范围内有一个能谱分布. 正如第一章中已介绍的, 泡利假设在原子核 β 衰变中能量是守恒的, 建议弱衰变过程中除了放射出电子外还伴随有中微子. 为了证实中微子假设是正确的,人们不断寻找它. 直到 1956 年, 莱因斯 (见图 3.1) 和考恩才在反应堆的 β 衰变中发现了反电子中微子, 使得人们认识到原子核的 β 衰变基本过程是原子核内中子 n 转化为质子 p、电子 e^- 和反电子中微子 $\bar{\nu}_e$ (见图 3.2).

图 3.1 莱因斯

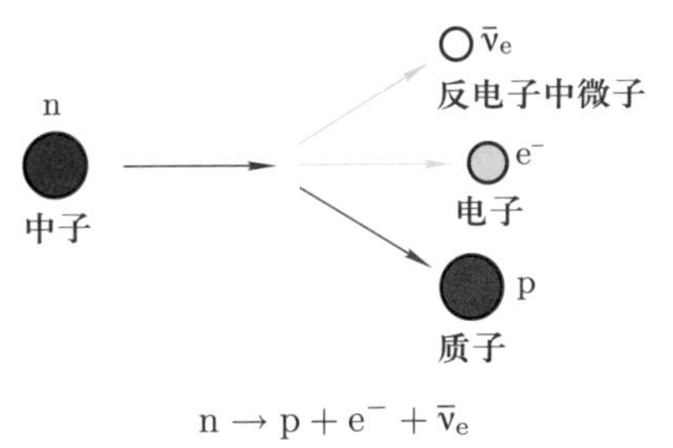

$$n \to p + e^- + \bar{\nu}_e$$

图 3.2 原子核的 β 衰变基本过程

弱相互作用是短力程的相互作用, 比强相互作用弱得多, 而且反应过程很慢, 所需要的时间在 10^{-10} s 以上. 因此弱相互作用具有三个明显特点: 寿命长、力程短、伴随着粒子类型的变化或转化. β 衰变中的中微子是反电子中微子. 1962 年, 莱德曼、斯泰因贝格尔和施瓦茨在 BNL 加速器上产生 π 介子的衰变过程中, 发现与 μ 子伴生的中微子根本不同于 β 衰变过程中与电子伴生的中微子. 为区别起见, 人们把前者

称为 μ 子中微子, 记作 ν_μ, 其反粒子记作 $\bar{\nu}_\mu$, 把后者称为电子中微子, 记作 ν_e, 其反粒子记作 $\bar{\nu}_e$. 实验上发现了两类不同的中微子. 进而, 实验上还发现了原子核的 μ 俘获现象, 即质子俘获一个 μ 子转化为中子同时放出一个中微子:

$$\mu^- + p \to n + \nu_\mu.$$

这是中子弱衰变的逆过程. 强子和轻子之间也存在着类似的弱相互作用过程, 几乎所有的粒子都与弱相互作用相关. 除了上述过程外, 还有 $\mu^- \to e^- + \bar{\nu}_e + \nu_\mu, \pi^- \to \mu^- + \bar{\nu}_\mu, K^- \to \mu^- + \bar{\nu}_\mu$ 等. 1975 年, 佩尔 (M. Perl) 在斯坦福直线加速器中心 (SLAC) 发现了第三代轻子—— τ 子. 佩尔因发现 τ 子与发现中微子的莱因斯一起获得了 1995 年诺贝尔物理学奖. 2000 年, 美国费米实验室在 τ 子的衰变中发现了 τ 子中微子 ν_τ. 这样, 历经半个世纪, 人们发现了电子中微子 ν_e、μ 子中微子 ν_μ 和 τ 子中微子 ν_τ 这三种不同类型的中微子. 由于中微子质量很小且有很多捉摸不定的性质, 人们对中微子研究的兴趣日益增加, 逐渐形成了中微子物理学这个分支学科.

弱相互作用基本过程, 如 $n \to p + e^- + \bar{\nu}_e, \mu^- \to e^- + \bar{\nu}_e + \nu_\mu$ 的机制是什么? 1934 年, 费米 (见图 3.3) 首先提出了四费米子相互作用理论来描述 β 衰变弱相互作用过程. 他提

图 3.3 费米

出弱相互作用是由 4 个费米子 $(\mathrm{n}, \mathrm{p}, \mathrm{e}^-, \bar{\nu}_\mathrm{e})$ 的直接相互作用机制来实现, 奠定了弱相互作用理论的基础.

1956 年, 实验上发现了两种命名为 “θ” 和 “τ” 的强子, 它们分别经弱相互作用衰变为两个 π 介子和三个 π 介子, 但它们的质量和寿命在实验误差范围内相等, 若把它们当成同一种粒子就有宇称不守恒的问题, 这便是当时引人注意的 “θ − τ 疑难”. 李政道 (见图 3.4 左图) 和杨振宁 (见图 3.4 中图) 打破传统观念, 提出在弱相互作用过程中宇称不守恒. 1957 年, 吴健雄 (见图 3.4 右图) 等很快以精准的实验证明了宇称在弱相互作用中确实不守恒. 李政道和杨振宁因此获得了 1957 年的诺贝尔物理学奖. 吴健雄的实验结果对于推翻宇称守恒定律是决定性的, 但她的这一划时代的贡献被当年的诺贝尔奖委员会忽略. 奥本海默 (J. R. Oppenheimer) 曾说: “宇称不守恒的发现三个人功劳最大, 不可忽略吴健雄的贡献.”

图 3.4 左图: 李政道; 中图: 杨振宁; 右图: 吴健雄

这一结果对探讨弱相互作用机制有很大的影响. 人们尝试从实验结果分析所有的 β 衰变现象, 寻找四费米子相互作用理论的普遍表述. 原子核 β 衰变实验现象包括: (1) 电子衰变能谱, (2) 角关联实验, (3) 电子的上、下不对称分布. 为了很好地解释原子核 β 衰变现象, 费曼 (R. P. Feynman)、盖尔曼、马沙克 (R. Marshak) 和苏达山 (E. C. G. Sudarshan) 根据宇称在弱相互作用中不守恒的规律, 总结提出了普适费米弱相互作用理论: 任何四个费米子的弱相互作用的拉氏函数都可以写成 $V-A$ 型形式, 原子核 β 衰变基本过程的相互作用形式为

$$\begin{aligned}\mathcal{L}_{\mathrm{W}} = -\frac{G}{\sqrt{2}}\{&[\overline{p}(1-\gamma_5)\gamma_\mu n][\overline{e}(1-\gamma_5)\gamma^\mu \nu] \\ &+[\overline{n}(1-\gamma_5)\gamma_\mu p][\overline{\nu}(1-\gamma_5)\gamma^\mu e]\}.\end{aligned}$$

进一步他们还发现, $\mu \to e\nu\overline{\nu}$ 弱衰变过程也可以通过类似的四费米子 $V-A$ 型拉氏函数来描述, 不仅在形式上一样, 而且实验结果表明耦合常数是同一个. 普适费米弱相互作用理论准确地解释了当时存在的所有弱相互作用实验现象, 并确定普适费米弱相互作用耦合常数为

$$\begin{aligned}&GM_{\mathrm{N}}^2 = 1.0246 \times 10^{-5}, \\ &G = 1.16637 \times 10^{-5}\ \mathrm{GeV}^{-2}.\end{aligned}$$

弱相互作用的耦合常数小, 可以做微扰展开, 而且在最低阶的计算得到了与实验符合得很好的结果.

§3.3　强相互作用

前面提到过, 强相互作用将质子、中子结合在一起形成极小的 ($\sim 10^{-12}$ cm) 原子核, 显然它要比形成原子 ($\sim 10^{-8}$ cm) 的电磁相互作用强很多, 而实验上由介子和核子碰撞生成奇异粒子和一系列共振态粒子的过程也是强相互作用过程. 强相互作用反应过程的时间约 $10^{-23} \sim 10^{-21}$ s, 异常迅速. 上一章已表明, 一百多种基本粒子能很好地按八重法分类, 该方法还预言了十重态中的最后一个 Ω 粒子, 实验上所发现的 Ω 粒子的自旋、质量、宇称、同位旋等性质完全与 SU(3) 对称性预言的一致. 质子和中子间的相互作用是通过 π 介子作为媒介子而传递的, g 是强相互作用耦合常数. 原子核能谱

以及核子间散射的大量实验数据拟合给出 $\dfrac{g^2}{4\pi} \approx 14 \sim 15$, 要比电磁相互作用 $\dfrac{e^2}{4\pi} \approx \dfrac{1}{137}$ 强很多. 标志四种相互作用的强度的无量纲相互作用 (耦合) 常数及由它们引起的过程的速率 (反应率) 见表 3.2.

表 3.2 四种相互作用的无量纲耦合常数、反应率和力程的比较

	无量纲耦合常数	反应率/s^{-1}	力程/cm
引力	$Gm_{\rm p}m_{\rm e} \approx 3 \times 10^{-42}$	甚小	长程
弱相互作用	$G_{\rm F}m_{\rm p}^2 \approx 1 \times 10^{-5}$	$\leqslant 10^{10}$	$\approx 10^{-16}$
电磁相互作用	$\dfrac{e^2}{4\pi} \approx \dfrac{1}{137}$	$10^{16} \sim 10^{19}$	长程
强相互作用	$\dfrac{g^2}{4\pi} \approx 14 \sim 15$	$10^{21} \sim 10^{23}$	$\leqslant 10^{-13}$

表中采用了自然单位制 $\hbar = c = 1$, 其中 c 是光速, $\hbar$ 是约化普朗克常数. $m_{\rm e}$ 及 $m_{\rm p}$ 分别为电子及质子的静止质量、G 为万有引力常数、e 为电子电荷、$G_{\rm F}$ 为费米弱相互作用耦合常数, g 为汤川强相互作用耦合常数.

§3.4 电磁波和光子

19 世纪 60 年代前后, 麦克斯韦 (J. C. Maxwell) (见图 3.5) 创立了经典的电磁场理论 —— 麦克斯韦方程组. 麦克斯韦方程组揭示了电场与磁场相互转化和统一的物理本质. 电场和磁场是电磁场的两个表现形式, 按照麦克斯韦方程组, 电磁波以光速在空间传播, 可见光只是电磁波很宽的谱中的一部分. 经典的电磁场理论亦称为经典电动力学.

量子力学虽然很好地说明了原子和分子的结构, 却不能直接处理原子中光的自发辐射和吸收这类十分重要的现象. 1927 年, 狄拉克提出了将电磁场作为一个具有无穷维自由度的系统进行量子化的方案, 将电磁场傅里叶分解为一系列基本的振动模式 (本征振动模式), 电磁场振动就形成电磁波.

图 3.5 麦克斯韦

因此自由电磁场可看作无穷多个没有相互作用的谐振子的系统, 每个谐振子对应于一个本征振动模式. 根据量子力学, 这个系统具有离散的能级. 振动的激发代表光子的产生, 振动激发的消失就相应于光子的湮灭. 这个经典电磁场量子化的方案成功地描述了光子产生和湮灭的高速微观物理现象. 此方案实际上引入了量子场的概念, 将经典电磁场量子化, 从而统一描述了它的波动性和粒子性.

在完成了电磁场量子化以后, 一个自然的问题是如何处理高速电子现象, 包括电子的产生和湮灭过程. 1928 年, 若尔当 (E. P. Jordan) 和维格纳 (E. P. Wigner) 按照粒子和波的二象性观点提出了电子场的量子化方案, 将原先用来描述单个电子运动的波函数 ψ 看作电子场并将它量子化. 与光子不同的是, 电子服从泡利不相容原理. 对于非相对论性多电子系统, 他们的方案完全等价于通常的量子力学, 称为二次量子化, 或粒子数表象中表述的多电子系统. 这个方案可直接推广到描述相对论性电子的狄拉克场 $\psi_\alpha(\alpha = 1, 2, 3, 4)$, 量子化后原来狄拉克方程中的负能量解正好描述了物理上电子的反粒子 —— 正电子. 自由电子场的激发态对应于一些具有不同动量和自旋的电子和正电子. 根据泡利不相容原理, 每个状态最多只能有一个电子和一个正电子. 这样狄拉克电子场量子化以后就可以描述电子、正电子的产生和湮灭的物理过程.

1929 年, 海森堡和泡利建立了量子场论的普遍形式. 每种微观粒子对应着一种经典场, 例如光子对应电磁场 $A^\mu(x)$, 电子对应电子场 $\psi(x)$ 等. 经典场是以连续性为其特征的, 场的物理性质可用一些定义在全空间的量描述, 这些场量是空间坐标 $\boldsymbol{x}$ 和时间 t 的函数, 它们随时间的变化描述场的运动. 空间不同点的场量可看作相互独立的动力学变量, 这种形式的主要特征在于场弥散于全空间, 因此经典场是具有连续无穷维自由度的系统. 每种微观粒子对应的经典场按正确的自旋–统计关系量子化后, 充满在全空间的量子场互相渗透并且以一定方式发生相互作用. 所有的场都处于基态时表现为真空, 量子场的激发代表粒子的产生, 量子场激发的消失代表粒子的湮灭. 不同激发态表现为粒子的数目和状态不同, 场的相互作用可引起场激发态的改变, 表现为粒子的各种反应过程. 因此, 量子场论可描述原子中光的自发辐射和吸收, 以及粒子物理学中各种粒子的产生和湮灭过程.

经典电子场和电磁场 (光子场) 量子化后能够描述电子和光子相互作用系统的各种物理现象, 它是最早发展和最成功的量子场论, 称为量子电动力学, 其中相互作用耦合常数 e 就是电子电荷. 考虑到电子场和电磁场相互作用的耦合常数 e 是一个小量, $\alpha = \dfrac{e^2}{4\pi} \approx \dfrac{1}{137}$, 量子电动力学首先采用微扰论方法, 各种反应过程的振幅可表达成耦合常数 e 的幂级数, 再逐阶计算幂级数的系数. 1946—1949 年, 朝永振一郎 (见图 3.6 左图)、施温格 (J. Schwinger) (见图 3.6 中图) 和费曼 (见图 3.6 右图) 发展了一套微扰论计算和重整化方法 (对于重整化的介绍见后文), 奠定了量子电动力学的基础. 他们因此于 1965 年获得了诺贝尔物理学奖. 这种微扰论方法具有形式简单、便于计算且明显保持相对论协变性的优点. 特别是, 费曼引入了直观图形表示法 (称为费曼图、费曼规则) 和相应的物理图像, 提供了写出微扰论任意阶项的系统的方法.

图 3.6 左图: 朝永振一郎; 中图: 施温格; 右图: 费曼

提起费曼, 人们很自然地想到在去世前两年, 他曾于 1986 年 2 月应邀参加美国挑战者号航天飞机失事调查委员会. 费曼首先提出失事的原因在于接口处橡皮垫圈遇冷失去弹性, 影响了密封性能, 致使高热的火箭燃料气体从接口喷出. 经过一星期的调研和认证, 委员会确认了他的想法, 找到了失事的原因. 费曼虽然是一位理论物理学家而不是航天领域的专家, 但靠他所具有的非凡的能力洞察问题的核心, 找出了挑战者号航天飞机失事的复杂的原因, 为人们称颂. 他对物理学的理解更是高人一筹, 科学家们称他为物理学家中的物理学家.

费曼是一位很有生活趣味的科学家. 1987 年美国朋友送了一本费曼自己写的书 *Surely You're Joking, Mr. Feynman.* 我们将它译成中文, 译名为 "爱开玩笑的科学家 —— 费曼" (该中译本于 1989 年 2 月由科学出版社出版). 书中叙述了他自己很多有趣的故事, 读者可以从中感受到费曼是一位热爱生活且充满幽默感的科学家.

人们发现, 在应用量子电动力学计算任何物理过程时, 尽管微扰论最低阶近似的计算结果和实验是近似符合的, 但进一步计算单圈和高阶修正时却都会得到无穷大的结果. 同样的问题也存在于其他的相对论性量子场论中. 这就是量子场论中著名的发散困难. 20 世纪 40 年代, 人们对这个理论中的发散困难做了深入的分析, 朝永振一郎、施温格、费曼和戴森 (F. Dyson) (见图 3.7) 等人发展了重整化理论, 不但解

图 3.7 戴森

决了量子电动力学中出现的发散困难, 还提出了一整套按电子电荷实验观测值的幂次展开的逐阶近似计算方法, 使量子电动力学的计算有了简单可靠的、具有相对论协变性的基础. 1947 年, 库什 (P. Kusch) (见图 3.8 左图) 和弗利 (H. M. Foley) (见图 3.8 右图) 发现了电子反常磁矩, 兰姆 (W. E. Lamb) 等发现了氢原子的 $2^2\mathrm{S}_{1/2}$ 和 $2^2\mathrm{P}_{1/2}$ 能级的分裂, 只有通过量子电动力学的重整化理论计算, 才能在很高的精度上与电子和 μ 子的反常磁矩及原子能级的兰姆移位的实验符合, 对其

图 3.8 左图: 库什; 右图: 弗利

做正确的解释. 电子反常磁矩的理论值与实验符合的精度现已达到 10^{-9}. 迄今量子电动力学通过了所有实验的考验, 表明量子电动力学在大于 10^{-16} cm 的尺度上是正确的. 量子电动力学已经成为电磁相互作用的基本理论.

强相互作用耦合常数 $\frac{g^2}{4\pi} \approx 14 \sim 15$, 要比电磁相互作用耦合常数 $\frac{e^2}{4\pi} \approx \frac{1}{137}$ 大很多, 因此微扰论不再适用, 高阶项的贡献不仅不能忽略, 甚至使得整个微扰论计算变得没有意义. 放弃微扰论, 发展不依赖于微扰展开的 S 矩阵理论和公理化场论的研究也有了相当的进展. 20 世纪 50 年代至 60 年代初, 人们提出了强相互作用的色散关系理论、雷杰极点 (Regge pole) 理论等.

以上介绍了自然界存在的四种基本相互作用. 在奇妙的粒子世界中, 这四种相互作用造就了多彩又神秘的物理现象. 偶尔会有人声称发现了第五种力, 但都很快就被实验所否定.

第四章　禁闭在强子内部的夸克

§4.1　质子、中子等强子是由夸克组成的

第二章介绍过，一百多种基本粒子能很好地按八重法分类，该方法预言了十重态中的最后一个 Ω 粒子. 实验上发现的 Ω 粒子完全与预言一致，证实了按 SU(3) 对称性八重法分类的成功. 1964 年，盖尔曼 (见图 4.1 左图) 提出了夸克假说 (同时茨威格 (G. Zweig) (见图 4.1 右图) 也提出了类似的假说). 他在分析了现状以后认为，对八重法分类的成功需要寻找一个基本的解释. 从数学上讲，如果将产生 SU(3) 对称性的基础表示的三个基作为基础客体 (fundamental objects)，其量子数分别为 $(Y, T_3) = \left(\frac{1}{3}, \frac{1}{2}\right), \left(\frac{1}{3}, -\frac{1}{2}\right), \left(-\frac{2}{3}, 0\right)$，则可认为它们是构成所有强子的基本单元，记为 $\mathrm{u}, \mathrm{d}, \mathrm{s}$. 盖尔曼设想它们是自旋为 1/2 的费米子，其量子数满足盖尔曼–西岛关系，

图 4.1　左图：盖尔曼；右图：茨威格

由此可得出它们的电荷分别为 $(Q_{\mathrm{u}}, Q_{\mathrm{d}}, Q_{\mathrm{s}})=\left(\frac{2}{3},-\frac{1}{3},-\frac{1}{3}\right)e$, 表明基础客体的电荷不是电荷 e 的整数倍而是分数电荷. 基础客体的反粒子的电荷分别为 $(Q_{\overline{\mathrm{u}}}, Q_{\overline{\mathrm{d}}}, Q_{\overline{\mathrm{s}}}) = \left(-\frac{2}{3},\frac{1}{3},\frac{1}{3}\right)e$, 相应的反粒子量子数 $(Y,T_3)=\left(-\frac{1}{3},-\frac{1}{2}\right),\left(-\frac{1}{3},\frac{1}{2}\right),\left(\frac{2}{3},0\right)$ (见图 4.2). 从奇异数可知, 三种基本单元的重子数为 1/3. 他将三个基相应的最小单元命名为三种夸克 (quark). 他在两页纸的文章中指出, 人们需要对八重法分类的成功寻找一个基本的解释, 设想三个基础客体为基本单元就很容易理解为什么现有的众多介子和重子很好地按八重法分类. 然而问题是这一解释是从 SU(3) 群数学表示结构给出的, 电荷和重子数是分数, 但自然界从未观察到分数电荷的客体. 因此他在文章中也提出问题: 它们只是物理上不存在的数学符号吗? 或者说物理上是否真实存在具有分数电荷且是有限质量的基本单元? 实验上所有观测到的粒子都是整数电荷, 要承认自然界存在分数电荷粒子在物理概念上是个重大突破. 例如在第二章中介绍的坂田 SU(3) 模型的三个基础客体局限于指定已观测到的具有整数电荷的质子、中子和 Λ 超子, 因此该模型不能成功地解释强子的分类. 盖尔曼在文章中还特别

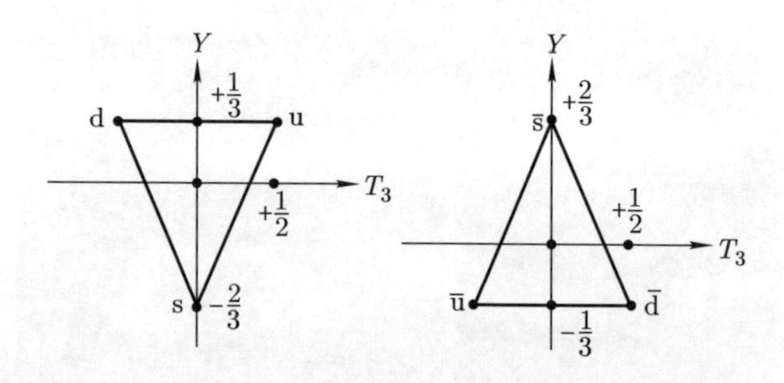

图 4.2　SU(3) 对称性的基础表示的三个基, 左图和右图相应于正和反的三个基

指出, 在更高能的加速器上寻找带分数电荷的稳定夸克将有助于澄清真实夸克是否存在. 盖尔曼很爱鸟, 他将对称性中的三个基取名为夸克就来自他关于鸟的灵感, 借助了乔伊斯的长篇小说《芬尼根彻夜祭》中的一句话 “Three quarks for Muster Mark” (夸克是海鸟的叫声). 他在这篇文章的参考文献中列出了这本小说, 这在科学文章中是很少见的.

三个基本单元夸克的量子数见表 4.1. 从表中可见, 由正、反夸克可以准确组成所有介子, 由三个夸克可以准确组成所有重子. 例如 $\pi^+ = (\mathrm{u\bar{d}}), \mathrm{p} = (\mathrm{uud}), \mathrm{n} = (\mathrm{udd})$ 等. 这样就可以将图 2.12 中强子的夸克成分标记出来. 图 4.3(a) 描述自旋为 0、宇称为负的赝标介子的夸克成分. 图 4.3(b) 描述自旋为 1、宇称为负的矢量介子, 其夸克成分与左图相似, 但夸克自旋取向不一样. 图 4.3(c) 描述自旋为 1/2、宇称为正的重子的夸克成分. 图 4.3(d) 描述自旋为 3/2、宇称为正的重子的夸克成分.

表 4.1 夸克的量子数

夸克	电荷/e	同位旋分量	奇异数	重子数
u	2/3	1/2	0	1/3
d	–1/3	–1/2	0	1/3
s	–1/3	0	–1	1/3

e 是电子电荷的绝对值.

用三个基本单元夸克的量子数可以解释现有的众多介子和重子能够很好地按八重法分类的原因, 可是实验上发现的所有基本粒子都具有整数电荷, 从未发现过具有分数电荷的粒子. 人们怀疑自然界中是否存在夸克, 认为夸克可能只是解释八重法分类的数学符号. 20 世纪 60 年代以来, 在宇宙线中、加速器上以及岩石中, 都进行了对自由夸克的实验找寻, 但迄今的实验都没有找到自由夸克. 20 世纪 60 年代有一种猜想, 认为夸克很重, 当时实验的能量还不足以发现它

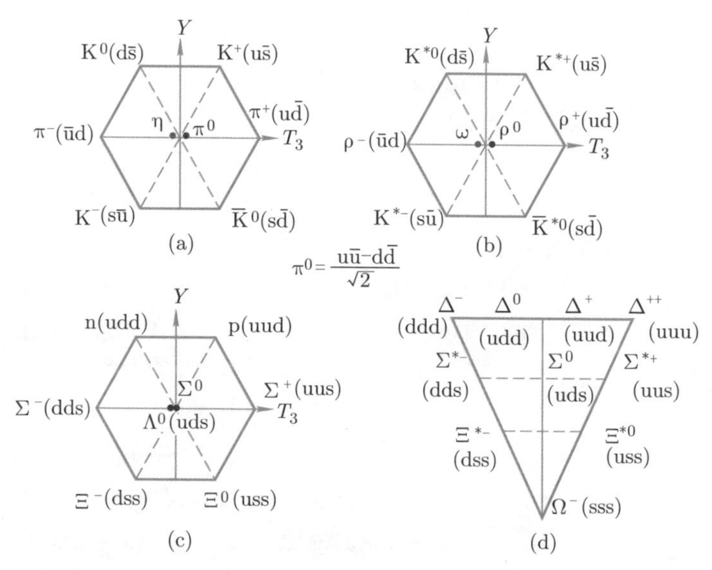

图 4.3 与图 2.12 中介子和重子相应的夸克成分

们, 理论模型假设它们的质量超出当时的实验限, 例如在 $5\sim10$ GeV 以上. 1965—1966 年, 北京基本粒子理论组创建的层子模型理论就假定夸克很重, 在 10 GeV 以上. 20 世纪 70 年代初创立的量子色动力学理论则认为组成普通强子的夸克很轻, 只不过它们不能以自由的状态出现, 只能被束缚在强子内部. 这种性质称为夸克禁闭.

§4.2 夸 克 模 型

夸克假说提出后, 实验上没有发现自由夸克. 当时基本粒子研究的一个方向是从八重法分类的 SU(3) 对称性出发, 进一步扩大对称性, 如 $\mathrm{SU}(3)\rightarrow\mathrm{SU}(6)\rightarrow\widetilde{\mathrm{U}}(12)$, 企图找出更多的强子性质之间的关联. 另一方面, 更多的物理学家受到盖尔曼提出的夸克设想的推动, 并以此为基础尝试以夸克作为强子下一层次的实体构造模型以解释强子物理的性质. 对于为什么实验上没有发现自由夸克, 一个自然的想法认为夸克很重, 当时实验的能量还不足以产生夸克. 例如 1965 年, 莫尔普戈 (G. Morpurgo) 提出了非相对论性夸克模型, 设想强子具有内部结构, 由很重的夸克和反夸克组成, 夸克质量在 5 GeV 以上, 当时的实验装置能量还不足以观察到它们. 由夸克模型计算的强子的静态性质, 如电荷、磁矩、质量等与实验符合得很好. 达利茨 (R. H. Dalitz) 利用非相对论性夸克模型讨论了介子谱和核子共振态. 1965—1966 年, 北京基本粒子理论组提出了相对论性层子模型, 认真构造强子具有内部结构的物理图像, 认为其由下一层次很重的夸克和反夸克组成, 并利用强子内部结构波函数和波函数的重叠积分将一系列过程关联在一起, 计算结果与当时所有已知的实验数据相洽. 1969 年, 史密斯 (C. H. Smith) 也利用贝特–萨尔皮特 (Bethe-Salpeter) 波函数提出了介子的相对论性夸克模型. 人们逐步认识到, 夸克是组成强子内部结构的最小单元 (见图 4.4). 强子的电磁相互作用、弱相互作用和强相互作用的研究应建立在夸克模型的基础上, 同时还要充分考虑强子的结构特性和各种过程中的运动学特点, 才能正确地解释强子的寿命、宽度、形状因子、截面等动态性质.

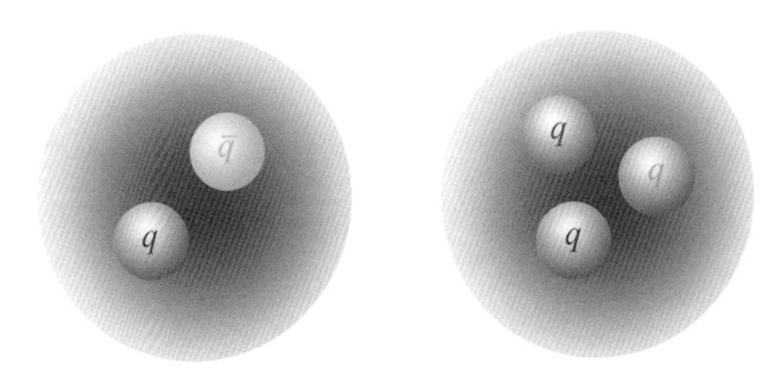

图 4.4 夸克模型中介子和重子的夸克成分示意图

§4.3 层子模型

1965—1966 年, 在共同合作讨论的基础上形成的北京基本粒子理论组首先提出了相对论性强子结构的层子模型, 并于 1966 年 7 月在北京国际暑期物理讨论会上报告了层子模型理论成果. 层子模型理论基于物质结构的层次性, 认为基本粒子并不基本, 强子是由下一层次的层子组成的. 层子模型中将夸克作为层子的一种方案构造相对论性强子结构模型. 下面简要介绍一下这段历史.

1965 年夏天, 在朱洪元 (见图 4.5 左图) 和胡宁 (见图 4.5 右图) 两位教授提议下, 北京三个单位 (北京大学、中国科学院数学研究所和原子能研究所) 基本粒子理论研究工作者定期举行研讨会 (后来中国科学技术大学的研究人员也加入进来), 深入调研、共同学习, 研讨国际上的最新进展 (见图 4.6). 研讨会报告了基本粒子对称性理论和强子分类新进展 (包括坂田模型和夸克模型的成功和不足). 经过调研和分析, 研究组发现了 20 世纪 60 年代初表明强子具有内部结构的最重要的一些实验事实. 例如: (1) 电子打质子的非弹性散射实验发现质子不是点粒子, 而是有一定内部结构, 并且测量了质子的半径大约在 0.8 fm, 因此质子以至上百种强子并不是 "基本的点粒子". (2) 一百多种基本粒子能按对称性分类, 像原

图 4.5 左图: 朱洪元; 右图: 胡宁

子的门捷列夫周期表一样排列成八个一组或十个一组 (见图 2.12). 门捷列夫周期表是原子内部电子分布结构的反映, 基本粒子的八重法分类也必然反映质子、中子、介子等强子具有内部结构. (3) 实验上还发现了许多高自旋, 如自旋 3/2, 5/2 等的新粒子, 它们很可能由自旋 1/2 的更基本成分组成.

图 4.6 北京基本粒子理论组在研讨层子模型理论

在这些事实面前, 朱洪元首先从强子具有内部结构这一物理图像出发, 创造性地提出强子是由物理上真实存在的层子 (起初称为元强子) 或层子与反层子构成的束缚态, 那么强子所参与的相互作用可以归结为层子所参与的相互作用, 通过表达层子在强子内部运动的波函数来着手研究. 他引入内部结构波函数, 借用原子核理论中处理电磁跃迁和弱衰变的方法, 并将带有分数电荷的夸克作为层子的一种方案去构造强子具有内部结构的模型, 研究了强子的电磁衰变和弱衰变的具体物理过程, 对几个涉及强子的衰变过程做了计算, 并利用强子内部波函数以及物理过程中初、末态强子波函数的重叠积分将它们联系在一起, 其结果得到了实验数据的支持, 首战告捷. 这一创新尝试在报告后极大地鼓舞了参与合作的基本粒子理论研究工作者, 他们利用其在更多的电磁衰变和弱衰变具体物理过程中扩大战果, 并利用强子内部结构波函数以及物理过程中初、末态强子波函数的重叠积分将这些物理过程关联在一起, 给出较确定的理论预言. 模型假定强子内部的层子很重, 例如质量在 10 GeV 以上, 它们在强子内部的运动, 可以做非相对论近似. 但强子作为一个整体运动, 必须具有相对论协变的性质, 因此他们进一步将内部结构波函数推广到相对论贝特–萨尔皮特波函数. 由于强子是层子或反层子的束缚态, 不能当作点粒子处理, 因此要发展计算含束缚态的矩阵元的方法, 自洽地处理束缚态的内部运动波函数. 1965—1966 年, 共有 39 人的北京基本粒子理论组, 发表了 3 本论文集, 共 42 篇论文, 建立了基本粒子层子模型理论. 一系列的研究成果表明, 不同强子的动态性质, 通过强子所满足的 SU(3) 对称性及相对论协变的束缚态波函数有着一定的内在联系. 层子模型通过层子所参与的相互作用和强子内部结构波函数, 将强子的一系列电磁相互作用过程和弱相互作用过程关联在一起, 获得了介子和重子的性质和衰变概率. 当时的实验结果都与层子模型相洽. 相对于当时的非相对论夸克模型, 层子模型的创新点有三: (1) 不仅计算了静态性质, 而且重点是计算了一系列的弱相互作用和电磁相互作用过程; (2) 利用强子内部结构波函数将一系列过程关联在一起, 增强了结果的关联性和确定性; (3) 将强子的自旋波函数和空间波函数相对论化以描述高速运动的强子. 层子模型成功地说明了当时粒子物理实验数据的一些主要方面, 纷繁的粒子物理现象呈现出有机联系的、统一的图像.

众所周知, 科学论文只有发表了才能立此存照, 连发表的日期都很重要. 可是当时国内学术期刊几乎都停刊了, 理论组写好的多篇论文无处投稿, 大家心急如焚, 千方百计寻找能发表的刊物, 并向上级反映. 幸好, 在钱三强 (时任第二机械工业部副部长、中国科学院副院长, 见图 4.7 左图) 和周培源 (时任北京大学副校长, 见图 4.7 右图) 两位老前辈和老领导的关怀和帮助下, 这 42 篇论文得以在第二机械工业部主管的《原子能》杂志和《北京大学学报》上发表 (这两个刊

图 4.7　左图: 钱三强; 右图: 周培源

物也已处于停刊前夕). 当时不提倡个人署名发表文章, 大多数文章采用了集体署名的方式. 实际上, 这些文章发表时并没有用 “层子” 这一名称, 用的仍是 “元强子”, 顾名思义是组成强子的组元. 层子一词是在 1966 年暑期物理讨论会之前由钱三强拍板确定的, 源于物质结构深入到下一层次, 很可能有无限层次, 英文译成 “straton”. 在北京科学讨论会 1966 年暑期物理讨论会 (见图 4.8) 上, 北京基本粒子理论组以集体

图 4.8　北京科学讨论会 1966 年暑期物理讨论会

署名的方式报告了层子模型理论所取得的有科学价值的研究成果. 这些研究成果比国际上同类的相对论夸克模型要早两年左右. 1966 年暑期讨论会后, 层子模型由参加会议的萨拉姆 (A. Salam) 和日本科学家介绍到国外. 著名科学家温伯格 (S. Weinberg) 说: “北京一个小组的理论物理学家长期以来坚持一种类型的夸克理论, 但将其称为层子, 而不称为夸克, 因为这些粒子代表比普通强子更深一个层次的现实.” (见温伯格所著《最初的三分钟》(*The First Three Minutes*))

1982 年, 朱洪元、胡宁、何祚庥、戴元本等 39 人荣获国家自然科学奖二等奖, 奖金平分. 层子模型这一成就是由国内几位老前辈带领一批中青年科学工作者创新性地提出的新理论、新方法, 受人瞩目. 本书作者之一很荣幸参加了这项理论研究, 在层子模型框架内计算了强子的电磁和弱形状因子以及电磁跃迁过程等, 完成了研究生毕业论文, 从中熟悉了高能物理当时的前沿课题, 培养了独立从事研究的能力, 掌握了研究方法.

从科研学风上来讲, 层子模型这一成就有三点值得称赞和传承: (1) 创新精神. 北京基本粒子理论组在朱洪元和胡宁两位老先生的带领下创新性地建立了描述强子内部结构的相对论性层子模型理论. (2) 合作攻关. 在完成层子模型理论的过程中, 不同单位的 39 人研究队伍合作攻关, 这在中国理论物理学史上也是少见的. (3) 人才培养. 在短短一年时间内, 这一研究团队完成了 42 篇论文, 其中大多数参加者为研究生和青年科学工作者, 从对粒子物理领域一无所知到工作在这一领域的前沿. 很可惜由于历史原因, 他们的研究中断了十年. 在改革开放后, 他们看到国际粒子物理学早已发展到标准模型的先进水平, 奋起直追, 做出了成绩, 培养了更年轻的一代, 起到了承上启下和学术带头人作用.

§4.4 重夸克的发现

在 20 世纪 60 年代和 70 年代, 更多的能量更高、性能更好的加速器建成. 虽然在这些加速器上没有找到自由夸克或层子, 但却得到了更有力地表明它们存在的间接证据. 1967 年, 人们开始用高能量的电子作为探针来研究质子的内部结构, 发现质子内部有着几乎是自由的点状的结构. 类似的实验后来也在中子上进行, 得到了相同的结论. 后来人们又用高能量的中微子作为探针来研究质子和中子结构, 根据对散射截面的分析, 也可以得到核子里存在近似自由的、质量不大的点状物的结论. 这些强子内部点状结构的性质正是夸克存在的证据. 例如它们的分数电荷性质, 可以由正负电子湮灭为强子的总截面加以验证. 正负电子湮灭为强子的过程, 同正负电子湮灭成一对 $\mu^+\mu^-$ 的过程相仿. 从理论上知道, 在高能下, 这两个过程的总截面 $\sigma(\mathrm{e}^+\mathrm{e}^- \to$ 强子$)$ 和 $\sigma(\mathrm{e}^+\mathrm{e}^- \to \mu^+\mu^-)$ 的比值 R 与夸克的电荷 e_i 有关: $R = 3\sum\limits_i e_i^2, i$ 标记夸克的类型. 70 年代初的 R 实验值和理论上的夸克电荷值基本上能满足这个关系式. 它们的自旋和质量性质也从实验结果获得了证实. 因此 60 年代一系列的实验事实给予了夸克模型以很大的支持.

20 世纪 60 年代初, 在盖尔曼等提出的假设中, 夸克只有 u, d, s 三种, 由此可以得到当时及其后发现的所有粒子的一个令人满意的分类. 1970 年后, 由于发明了对撞机, 使加速器产生粒子束的能量随着时间直线上升, 提高得更快 (见图 4.9, 该图制作时间较早, 有些预计的发展与真实历史有出入). 1974 年夏天, 国际高能物理大会的总结报告中指出, 当时已发现的强子都可以由 u, d, s 三种夸克组成, 按对称性分类填充在合适位置, 无一例外, 似乎已经 “天下太平”. 可在这一年 11 月, 丁肇中 (见图 4.10 左图) 和里克特 (B. Richter) (见

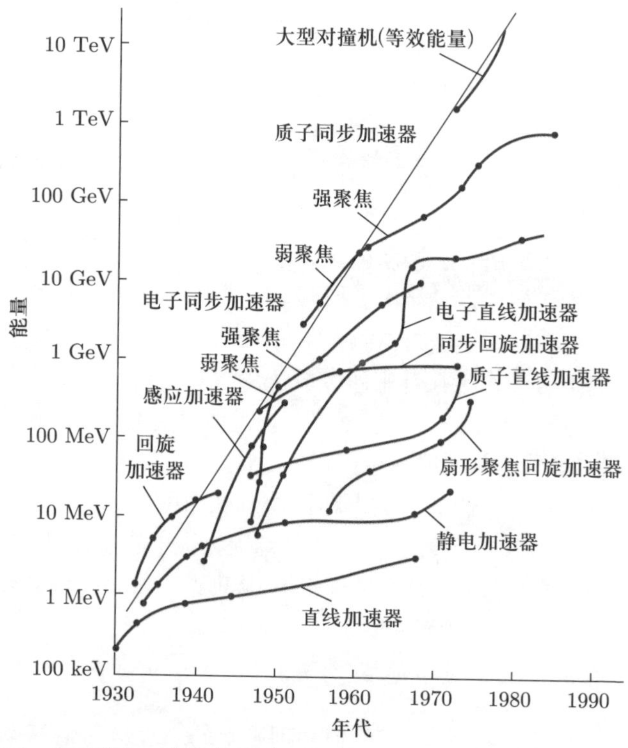

图 4.9 加速器和对撞机能量增长图 (取自中国大百科全书出版社出版的《中国大百科全书 · 物理学》的第二版)

图 4.10 左图: 丁肇中; 右图: 里克特

图 4.10 右图) 分别在布鲁克海文质子加速器和 SLAC 正负电子对撞机的实验中发现了一种新粒子, 它的质量很大, 为 3.1 GeV, 比已发现的强子质量大很多, 而寿命却只有大部分共振态的万分之一, 无法按已有的分类找到合适的位置. 这被解释为它是由一个新的较重的夸克 c 和它的反粒子 $\bar{c}$ 所构成. 这种新的夸克 c 称为粲夸克, 具有一种新的量子数 —— 粲数 C, 它的电荷是 $\frac{2}{3}e$. 人们将这个由粲夸克和反粲夸克组成的新粒子称为 J/ψ 粒子, 并称这一发现为粒子物理中的 11 月革命, 因为它打破了不久前刚宣布的天下太平, 突破了原先的 u, d, s 三种夸克组成所有强子的理论框架. 这第四种夸克及粲数的存在, 不久便因 ψ', ψ'', D, D_s, η_c 等一整个粲粒子家族的发现而得到进一步的证实. 同时, 在更高能量的实验中, 上面提到的 R 值也增加了, 这也说明了在足够高的能量下第四种夸克开始对 R 做出贡献. 这种新的由粲夸克和反粲夸克组成的束缚态的谱很像电子偶素 (正、反电子构成的束缚态), 故人们将 $J/\psi, \psi', \psi''$ 等粲夸克和反粲夸克组成的束缚态称为粲夸克偶素. 粲夸克偶素不仅有由平行自旋粲夸克和反粲夸克组成的 $J/\psi, \psi', \psi''$ 等, 还有由反平行自旋粲夸克和反粲夸克组成的 η_c, η_c' 等. 除了上述轨道角动量为 s 波的粲夸克偶素, 还有轨道角动量为 p 波的粲夸克偶素 $\chi_0, \chi_1, \chi_2, h_c$ 等. 其能谱和总角动量的关系见图 4.11.

在发现了粲夸克 c 以后, 加上原来的三个轻夸克 u, d, s, 组合在一起就能构成更多的束缚态. 将原先的普通强子放在 X-Y 平面上, Z 轴标记粲夸克数, 由此就可将包含粲夸克的所有强子放在一个图中. 例如原先的 $0^-, 1^-, 1/2, 3/2$ 介子和重子扩充为立体图 (见图 4.12). 图 4.12(a) 是描述自旋为 0、宇称为负的赝标介子的立体图, 中间平面是无粲夸克成分的介子, 相应于图 4.3(a), 最上面的三角形平面是含粲夸克 ($C = 1$) 成分的赝标介子, 最下面的三角形平面是含反粲夸克 ($C = -1$) 成分的赝标介子. 图 4.12(b) 是描述自旋为

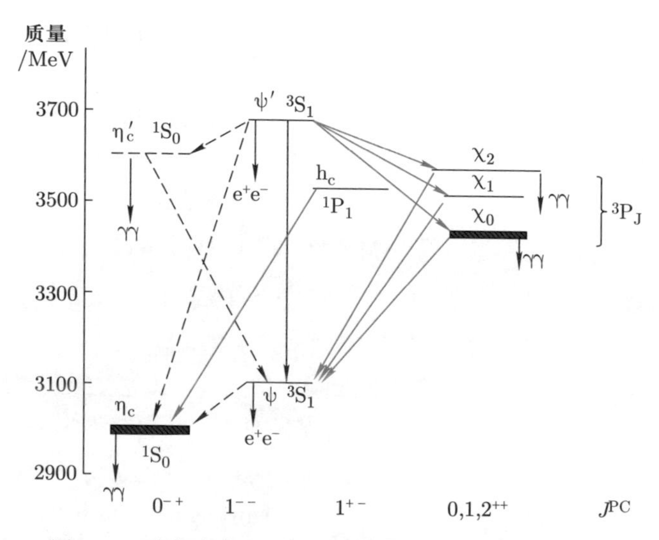

图 4.11 由粲夸克和反粲夸克组成的粲夸克偶素的能谱

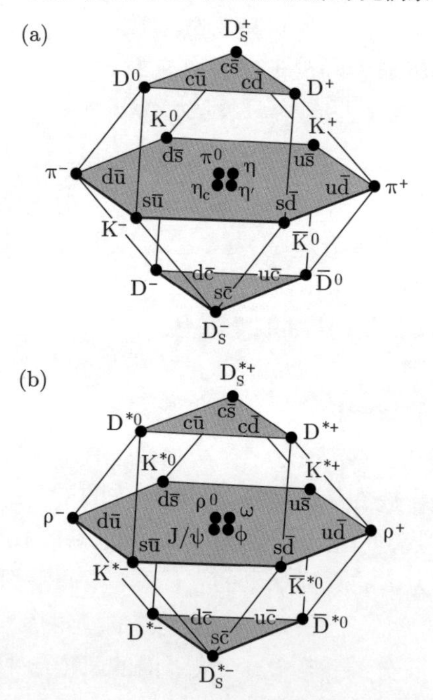

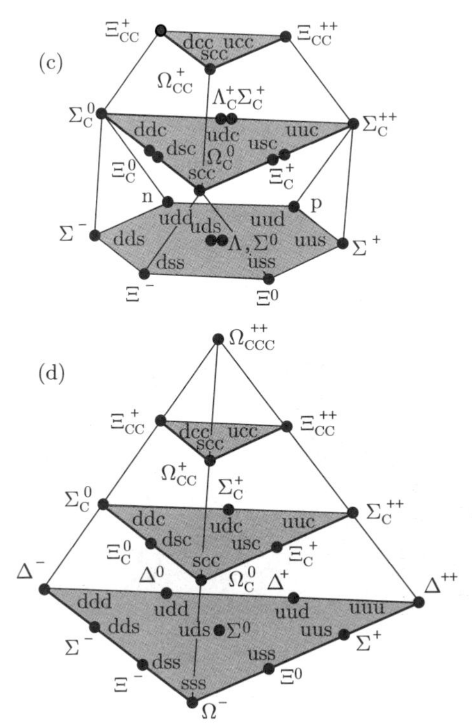

图 4.12　由三个轻夸克 u, d, s 和粲夸克 c 组成的强子的能谱分类图

1、宇称为负的矢量介子的立体图, 上、下三层平面夸克成分与图 4.12(a) 相似, 但夸克自旋取向不一样. 图 4.12(c) 是描述自旋为 1/2、宇称为正的重子的立体图, 底层六角平面是无粲夸克成分的重子, 相应于图 4.3(c), 中间层三角形平面是含粲夸克 ($C = 1$) 成分的重子, 顶层三角形平面是含两个粲夸克 ($C = 2$) 成分的重子, 其中 Ξ_{cc}^{++} 是 2017 年中国科学家高原宁领导的团队在欧洲核子研究中心 LHCb 上发现的. 图 4.12(d) 是描述自旋为 3/2、宇称为正的重子的立体图, 底层三角形平面是无粲夸克成分的重子, 相应于图 4.3(d), 中间层三角形平面是含粲夸克 ($C = 1$) 成分的重子, 最上层三角形平面是含粲夸克 ($C = 2$) 成分的重子, 最上面的顶点是含三个粲夸克 ($C = 3$) 成分的重子 Ω_{ccc}^{++}.

上面提到, 发现 J/ψ 粒子的正负电子对撞机位于斯坦福大学旁的 SLAC(见图 4.13). 斯坦福正负电子加速环 SPEAR (Stanford Positron Electron Accelerating Ring) 装置是直径为 80 m、正负电子束流能量达 4 GeV 的对撞机. 它于 1970 年启动建设, 1972 年开始运行, 开启了粒子对撞机的新时代. 后来它被改造为斯坦福同步辐射光源 SSRL(Stanford Synchrotron Radiation Lightsource).

图 4.13 左图: 美国国家实验室 SLAC 的全景; 右图: 20世纪 70 年代初创建的正负电子对撞机 SPEAR

1980 年, 我国筹建高能物理的第一个实验基地. 在时任中国科学院高能物理研究所所长的张文裕和谢家麟、朱洪元等老科学家的带领下, 根据国际高能物理的发展态势和国内实情精心策划, 北京正负电子对撞机 (BEPC) 方案被选定, 其目标就是要精确研究包含粲夸克的强子和 τ 轻子. 1984 年开始建造, 1988 年建成的北京正负电子对撞机 BEPC (见图 4.14) 以及后来升级改造的 BEPCII 已经成为在粲物理领域做出国际领先水平的大科学装置. 在北京正负电子对撞机 1981 年选定方案, 1984 年开始建造, 1988 年建成运行, 直到做出国际水平的物理成果的过程中, 李政道教授都起到了不可替代的重要作用. 美国各大高能物理实验室, 特别是 SLAC 也提供了许多实质的帮助.

1974 年, 小林诚 (M. Kobayashi) 和益川敏英 (T. Maskawa)

图 4.14 我国在 1988 年建成的正负电子对撞机 BEPC

在研究弱相互作用 CP 破坏机制时提出了自然界存在 6 种夸克 (记为 u, d, s, c, b, t) 的可能性. 1977 年, 莱德曼等在费米实验室发现了一个独特的新粒子 Υ, 质量很大, 为 9 GeV. 它的性质也只能以它是由另一种新的夸克 b 及其反粒子 $\bar{\mathrm{b}}$ 所构成来解释. 这第五种夸克的存在, 接着由新粒子 Υ', Υ'', B 等的发现而得到了更多的证据. 第五种夸克 b 称为底夸克, 它的电荷是 $-\frac{1}{3}e$, 带有一种新的量子数 —— 底数 B. 在目前能够达到的最高能量的实验中, R 值的进一步增加, 说明底夸克也开始对 R 值做出贡献. 类似地, 人们称底夸克和反底夸克组成的束缚态 Υ, Υ', Υ'' 为底夸克偶素. 寻找第六种夸克 —— 顶夸克 (t) 有一段很长的故事, 虽然物理学家们相信它一定存在. 人们最初猜测它的质量约为 15 GeV. 20 世纪 70 年代末日本建造的正负电子对撞机 Tristan 的目标之一就是寻找顶夸克, 然而没有发现它. 18 年后, 1995 年 3 月 3 日, CDF 和 D0 两个国际合作研究组宣布在费米实验室质子–反质子对撞机 (Tevatron) 上观测到了顶夸克, 它的质量很重, 约为 173 GeV, 电荷为 $\frac{2}{3}e$. 顶夸克的寿命很短, 来不及与反夸克构成强子就衰变为比它轻的夸克. 费米实验室的 Tevatron 是周长 6.4 km 的质子–反质子对撞机 (见图 4.15). 1983 年 8 月, Tevatron 项目在芝加哥郊外的大草原上实现了将质子和反质子按相反方向在真空管中加速到对撞. 它经过近 20 年建造, 成为当时世界上能量最高的强子对撞机. 夸克 $\mathrm{Q=c,b,t}$ 都很重, 有别于早年提出的轻夸克 $\mathrm{q=u,d,s}$, 因而称为重夸克. 重夸克具有不同于轻夸克的量子数, 分别为粲夸克数、底夸克数和顶夸克数. 重夸克 $\mathrm{Q=c,b,t}$ 仅能通过弱相互作用直接衰变到轻夸克 $\mathrm{q=u,d,s}$. 由重夸克 $\mathrm{Q=c,b}$ 和反重夸克组成的束缚态统称为重夸克偶素 $(\mathrm{Q\overline{Q}})$, 它的电磁衰变是通过 $(\mathrm{Q\overline{Q}})$ 湮灭为光子再耦合到轻夸克. 重夸克偶素

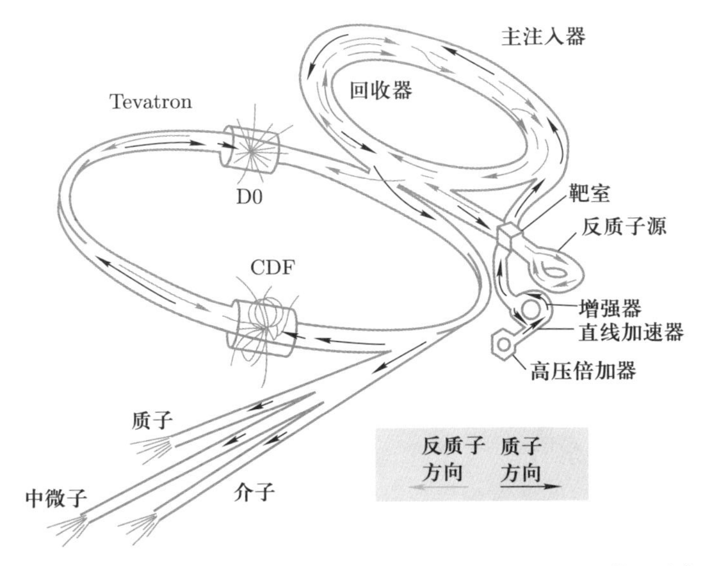

图 4.15 上图: 美国费米国家实验室全景; 下图: Tevatron 装置示意图

到轻强子的强衰变由于大久保–茨威格–饭冢 (OZI) 禁戒规则不能直接进行, 而是通过 $(Q\overline{Q})$ 湮灭再耦合到轻夸克. 重夸克具有很多特性, 对它们的研究有助于揭示强子内部动力学规律. 粒子物理学家将对重夸克的相关研究称为重味物理学.

§4.5 夸克与轻子的对称性

与强子的数目急剧增加不同, 自从 1962 年利用大型火花室, 在实验上证实了两类中微子 ν_e 和 ν_μ 之后, 长时间内已知的轻子就只有四种: (e, ν_e) 和 (μ, ν_μ). 轻子中电子和 μ 子在各个方面都相同, 差别只在于质量.

但是到了 1975 年, 情况有了改变. 这一年佩尔 (见图 4.16) 在 SLAC 的正负电子对撞机 SPEAR 对撞实验中发现了一个新的轻子 τ, 它带正电或带负电, 衰变成 μ 子或电子和两个中微子. 它的质量很大, 约为 1780 MeV, 比电子重很多, 接近质子质量的两倍, 所以又叫重轻子. 这里有一个有趣的故事. 1995 年笔者之一正在 SLAC 访问, 遇见了老朋友蔡永赐教授, 获知他们夫妇正在置装, 应佩尔邀请将去斯德哥尔摩参加诺贝尔奖颁奖典礼. 华裔物理学家蔡永赐教授早在 20 世纪 60 年代就开始研究比 μ 子重的重轻子, 并于 1971 年在《物理评论 D》上发表了一篇论文《正负电子对撞中产生重轻子的衰变》, 从理论上阐述了重轻子的性质以及如何从实验上探测, 定量地计算了各种可能衰变道的分支比. 为此他假定这种重轻子的质量为 1800 MeV, 此值恰巧与佩尔发现的轻子 τ 的质量非常接近. 佩尔在后来讲他的成就时也承认, 正是蔡永赐的文章为寻找重轻子 τ 奠定了理论基础, 成为他们寻找重轻子的指引. 为了表达谢意, 他特地邀请蔡永赐夫妇参加颁奖典礼.

图 4.16 佩尔

2000 年 7 月, 美国费米国家实验室宣布实验上发现了与 τ 子相应的中微子 ν_τ. 目前实验能量范围内尚未发现轻子有内部结构.

综上所述, 已发现的夸克有 6 种: u, d, s 三种质量较轻, 由它们组成的强子称为轻味强子. c, b, t 三种质量较重, 由它们组成的强子称为重味强子. 轻子也有 6 种: (e, ν_e), (μ, ν_μ), (τ, ν_τ). 这 6 种夸克和 6 种轻子是构成物质结构的最小单元. 这些夸克和轻子的性质列在表 4.2 中.

表 4.2 夸克与轻子的性质

夸克	质量	电荷 Q	奇异数 S	粲数 C	底数 B	顶数 T	轻子	质量	电荷 Q	电子数 l_e	μ 子数 l_μ	τ 子数 l_τ
d	$4.5 \sim 5.2$ MeV	–1/3	0	0	0	0	e^-	0.5 MeV	–1	1	0	0
u	$1.9 \sim 2.7$ MeV	2/3	0	0	0	0	ν_e	< 2.2 eV	0	1	0	0
s	$88 \sim 104$ MeV	–1/3	–1	0	0	0	μ^-	106 MeV	–1	0	1	0
c	$1.25 \sim 1.29$ GeV	2/3	0	1	0	0	ν_μ	< 0.17 MeV	0	0	1	0
b	$4.16 \sim 4.21$ GeV	–1/3	0	0	–1	0	τ^-	1.78 GeV	–1	0	0	1
t	173 GeV	2/3	0	0	0	1	ν_τ	< 15.5 MeV	0	0	0	1

一种尝试是把轻子和夸克放在同一层次上考虑 (见表 4.3), 它们之间存在着对称结构, 称为 “代”, 夸克有三代, 轻子也有三代. 构成三代夸克和轻子的本质是目前粒子物理学研究中使物理学家困惑的问题. 同时, 处于同一层次的轻子和夸克的质量相差很大, 轻到电子伏 (eV) 量级, 而最重的顶夸克竟然与金原子核差不多一样重. 这样奇异的实验事实表明, 自然界中隐藏着更深的奥秘. 构成大千世界的众多粒子的质量从哪里来? 质量起源也一度成为使物理学家困惑的重要问题.

表 4.3 轻子与夸克的对称性

轻子				夸克			
			电荷				
$\begin{pmatrix} \nu_e \\ e \end{pmatrix}$	$\begin{pmatrix} \nu_\mu \\ \mu \end{pmatrix}$	$\begin{pmatrix} \nu_\tau \\ \tau \end{pmatrix}$	$\begin{pmatrix} 0 \\ -1 \end{pmatrix}$	$\begin{pmatrix} \frac{2}{3} \\ -\frac{1}{3} \end{pmatrix}$	$\begin{pmatrix} u \\ d \end{pmatrix}$	$\begin{pmatrix} c \\ s \end{pmatrix}$	$\begin{pmatrix} t \\ b \end{pmatrix}$

电荷以电子电荷的绝对值 e 为单位.

从 1964 年开始至今, 粒子物理学发展进入了第三阶段. 这个阶段以夸克模型为标志. 人类对物质结构的认识深入到夸克和轻子的新层次. 以下几章将展开介绍这一新层次的特点、疑难和今后的发展.

第五章　色味俱全的夸克

§5.1　夸克有 3 种不同颜色

上一章讲到, 已发现的夸克有 6 种 (形象地称为不同 “味道”): 三种轻味夸克 u, d, s; 三种重味夸克 c, b, t. 轻子也有 6 种: $(e, \nu_e), (\mu, \nu_\mu), (\tau, \nu_\tau)$. 味自由度的引入对于介子和重子分类是很重要的. 夸克除了有 6 种味 (u, d, s, c, b, t) 外, 每种夸克还有 3 种不同 “颜色”, 标记为红 (R)、绿 (G)、蓝 (B) (见图 5.1):

$$u_i, d_i, s_i, c_i, b_i, t_i \quad (i = 1, 2, 3 \text{ 分别表示 R, G, B}).$$

图 5.1　形象地以红、绿、蓝三种不同颜色标记夸克的色自由度

因此色味俱全的夸克共有 18 个不同类型. 这里的所谓 “味道” 和 “颜色” 只是形象的标记, 并非真有生活中的味道和颜色. 上一章介绍了夸克有 6 种味, 三种轻味夸克 u, d, s 和三种重味夸克 c, b, t, 下面将解释每种夸克为什么还具有 3 种不同的色.

量子力学中存在自旋–统计法则: 自然界中, 自旋为整数的粒子遵从玻色统计, 自旋为半整数的粒子遵从费米统计. 遵从玻色统计的粒子系统, 其波函数是对称的, 即交换其中两个粒子后波函数不改变符号. 遵从费米统计的粒子系统, 其波函数是反对称的, 即交换其中两个粒子后波函数改变符号.

早在夸克模型刚建立时，人们就发现其存在自旋–统计矛盾: 自旋为半整数的重子, 其波函数不是反对称的, 而是对称的. 例如重子是由三个夸克组成的, 三个夸克的总波函数应由三部分组成:

$$\psi(123) = \psi_{\rm space}(123) \times \psi_{\rm spin}(123) \times \psi_{\rm flavor}, \tag{5.1}$$

其中 $\psi_{\rm space}(123)$ 是三个夸克的空间波函数, $\psi_{\rm spin}(123)$ 是三个夸克的自旋波函数, $\psi_{\rm flavor}(123)$ 是三个夸克的 SU(3) 波函数, 或者说是味空间的 SU(3) 波函数 (味空间以 u, d, s 为三个基). 夸克是自旋为 1/2 的费米子, 总波函数应满足费米–狄拉克统计, 即 $\psi(123)$ 的三个组成夸克中交换任意两个是反对称的. 然而在夸克模型中并不是这样. 以 Δ^{++} 为例, 它的自旋为 3/2, 由三个 u 夸克组成, 处于基态 (s 波) 的空间波函数是对称的,

$$\Delta^{++} = ({\rm u}\uparrow{\rm u}\uparrow{\rm u}\uparrow).$$

三个夸克自旋向上显然在自旋空间是对称的, 而在味空间是由同一种味 —— u 夸克组成, 因而也是对称的. 这样, 如果要求 Δ^{++} 的总波函数是反对称的, 只能要求空间部分是反对称的, 然而这是不可能的, 因为基态波函数总是对称的. 还可以从另一个角度看空间波函数, 实验上表明质子形状因子中没有节点存在, 这意味着空间波函数不可能是反对称的, 因此总的波函数只能是对称的. 这就与费米–狄拉克统计相矛盾.

解决这一矛盾有两种可能途径: 一种是修改统计性质, 引入综合 (para) 统计; 另一种是引入一个新的内部自由度 —— “色”. 尽管在空间、自旋、味空间是对称的, 然而只要新引入的自由度 “色” 是反对称的, 总的波函数就满足反对称性质. 上面提到, 如果每一种夸克携带三种色: 红、绿、蓝, 例如质子和中子的 u 夸克和 d 夸克携带三种不同颜色 (见图 5.2), 数学上每种色以下标来标记, 记作 ${\rm u}_i, {\rm d}_i, {\rm s}_i$ ($i = 1, 2, 3$ 分别表

示 R, G, B), 则 Δ^{++} 波函数的色空间反对称性应由下式描述:

$$\Delta^{++}=\frac{1}{\sqrt{6}}\varepsilon_{ijk}\mathrm{u}_i\uparrow\mathrm{u}_j\uparrow\mathrm{u}_k\uparrow,$$

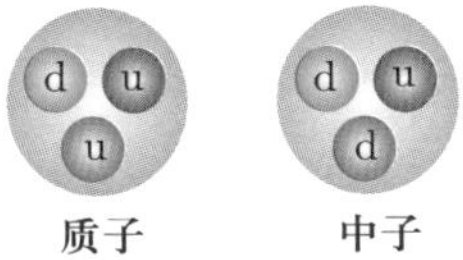

图 5.2 以不同颜色图示质子和中子的内部结构

由 ε_{ijk} 的反对称性就保证了总的波函数的反对称性. 而对于介子来讲, 在没有引入色自由度时就不存在自旋–统计矛盾, 引入色自由度会不会带来问题呢? 答案是并不会, 在引入色自由度以后, 仅需将色空间的所有色指标求和即可:

$$\frac{1}{\sqrt{3}}\overline{q}_iq_i=\frac{1}{\sqrt{3}}(\overline{q}_1q_1+\overline{q}_2q_2+\overline{q}_3q_3).$$

可见, 在引入新的内部色空间以后, 自旋–统计的矛盾就自然解决了.

然而单是为了这一困难而引入新的色空间, 赋予每一种夸克三种色, 是缺乏说服力的, 要从实验上验证新的色空间是必需的. 下面以实验结果表明新的色空间的存在具有实验上的根据.

$\mathrm{e}^+\mathrm{e}^-$ 对撞过程可定义

$$R=\frac{\sigma(\mathrm{e}^+\mathrm{e}^-\to\text{强子})}{\sigma(\mathrm{e}^+\mathrm{e}^-\to\mu^+\mu^-)},$$

其中 σ 是相应过程的碰撞截面. 一方面在夸克模型里 R 值可以直接计算:

$$R=N_{\mathrm{c}}\sum_{i=1}^{N_{\mathrm{f}}}Q_i^2=\begin{cases}\dfrac{2}{3}N_{\mathrm{c}}, & \text{当 } N_{\mathrm{f}}=3(\mathrm{u,d,s}),\\[2mm] \dfrac{10}{9}N_{\mathrm{c}}, & \text{当 } N_{\mathrm{f}}=4(\mathrm{u,d,s,c}),\\[2mm] \dfrac{11}{9}N_{\mathrm{c}}, & \text{当 } N_{\mathrm{f}}=5(\mathrm{u,d,s,c,b}),\end{cases}$$

其中 N_{f} 是夸克的 "味" 数, N_{c} 是夸克的 "色" 数, Q_i 是第 i 种夸克的电荷值. 另一方面实验上可以在正负电子对撞机实验中精确地测量 R 值. 早期在 $\sqrt{s} \leqslant 3$ GeV① 下的实验表明 $R=2$, 证实了色数 $N_{\mathrm{c}}=3$, 北京谱仪 (BES) 的相关实验以及国际上更高能量的实验结果都证实了这一结论 (见图 5.3). 从图 5.3 也可见, $\sqrt{s}>3$ GeV 以后由于 c 夸克产生使得 R 值增加, $\sqrt{s}>10$ GeV 以后由于 b 夸克产生使得 R 值增加, 实验上不同能量下对 R 值的测量都证实了 $N_{\mathrm{c}}=3$.

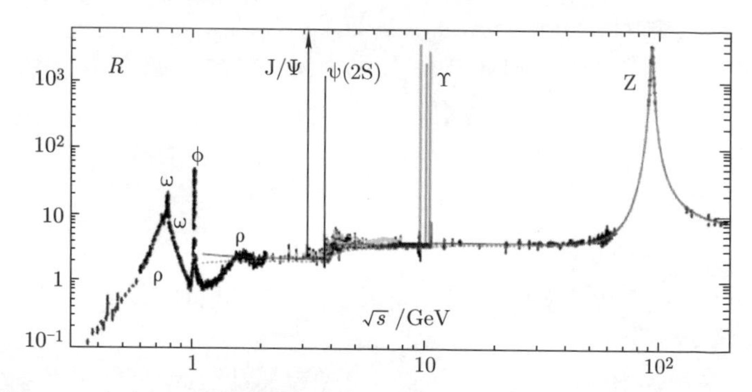

图 5.3　实验上 R 值随能量增加的变化曲线 (取自 Ammar R, et al. Phys. Rev. D, 1998, 57: 1350)

自然界中, 由三种不同颜色的夸克组成的重子和正、反夸克组成的介子都是无色的强子. 进而可以设想由无色的两个介子也可以组成无色的分子态, 此分子态是四夸克态. 也可能由两个带色的两夸克态组成无色的四夸克态. 同样由无色的介子和重子也可以组成无色的分子态, 此分子态是五夸克态. 也可能由带色的两夸克态和带色的三夸克态组成无色的五夸克态. 这样推理下去还会有六夸克态以及各种可能的多夸克态. 例如氘核就是由质子和中子组成的六夸克态. 近几年来实验上发现了一系列很吸引人的 X, Y, Z 新粒子, 它们可能是超出早先夸克模型的四夸克态和五夸克态.

① $\sqrt{s}$ 为质心系能量.

§5.2 带色荷夸克之间的相互作用

1967 年 9 月, 美国 SLAC 的电子直线高能加速器 Linac 成功获得了 20 GeV 的电子束流. 20 世纪 60 年代末, 科学家们用加速器产生的电子来探索质子和中子的结构. 在电子打质子的深度非弹性散射实验 $e + p \to e + X$ (见图 5.4) 中, 弗里德曼 (J. I. Friedman) (见图 5.5 左图)、肯德尔 (H. W. Kendall) (见图 5.5 中图) 和泰勒 (R. E. Taylor) (见图 5.5 右图) 发现了标度无关性定律 (scaling law). 这一定律表明, 他们发现了质子中称为 “夸克” 的新的更小的粒子. 为此, 他们获得了 1990 年诺贝尔物理学奖.

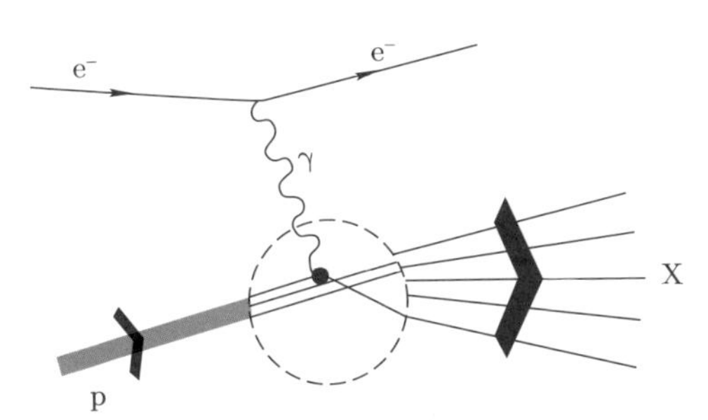

图 5.4 电子打质子的深度非弹性散射过程, 末态 X 包括所有产生的强子

图 5.5 左图: 弗里德曼; 中图: 肯德尔; 右图: 泰勒

布约肯 (J. Bjorken) 首先认识到标度无关性意味着大动量迁移下电子是与质子内无穷多无相互作用的自由点粒子相互作用. 那时费曼短暂访问 SLAC. 他以物理直观分析标度无关性定律的含义, 洞察质子内部结构图像, 并提出了称质子内的这些点粒子为部分子 (parton) 的概念. 高能散射实验显示出强子的两个最显著的特征: (1) 强子内部有点状结构存在; (2) 这些点状结构在很小的尺度中相互作用很微弱, 有如自由粒子 (渐近自由现象). 夸克之间很强的相互作用在大动量迁移下变弱, 具有渐近自由的特点. 另外, 实验以及理论工作还说明, 质子内的无穷多粒子, 即部分子应包含有夸克、反夸克以及传递夸克间相互作用的胶子, 胶子带有质子内动量分布的一半. 1979 年, 欧洲正负电子对撞机上发现三喷注的实验结果 (见图 5.6) 证实了强子内部存在胶子, 即正负电子对撞后产生了夸克、反夸克和胶子, 并由它们产生三个强子喷注.

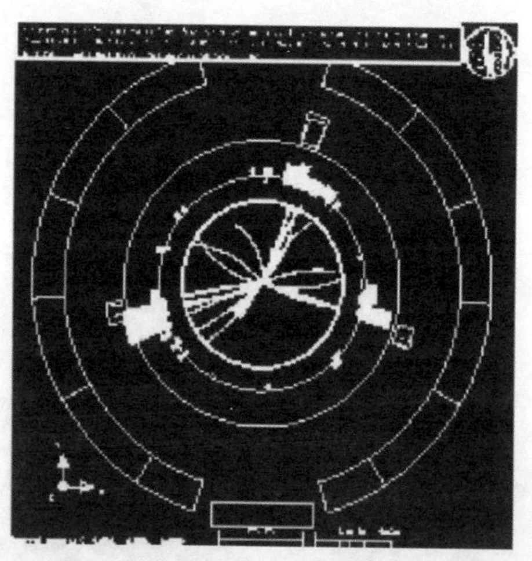

图 5.6 正负电子对撞机 LEP 上发现 Z 玻色子强衰变的三喷注事件的实验结果 (取自 OPAL 合作组)

§5.3 带色荷胶子间的相互作用产生反屏蔽效应

色味俱全的夸克如何通过相互作用构成束缚态强子? 为什么带色的夸克组成的强子是无色的? 这就要探讨带色夸克间的相互作用机理.

我们所熟悉的电磁相互作用的基本成分是电子 (更一般地说是带电粒子) 和光子, 无质量、不带电的光子是传递电磁相互作用的媒介子. 电子带电荷, 光子是中性的, 光子在传递相互作用过程中不改变电子的电荷性质. 两个带电粒子相互作用会产生极化效应, 该效应起了屏蔽作用, 实验上所测量到的电荷是屏蔽后的有效电荷 e (见图 5.7).

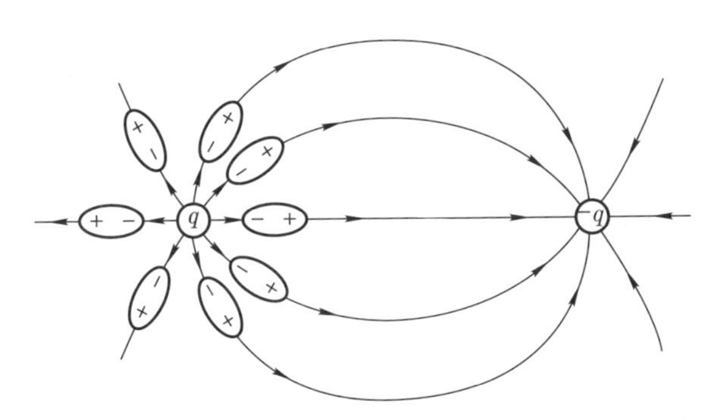

图 5.7 两个带电粒子相互作用会产生极化屏蔽效应的示意图

电磁相互作用中两个电子通过传递光子发生相互作用, 可以看作一个电子发射一个光子, 而这个光子被另一个电子吸收. 形象地说好像两位足球爱好者, 一位传出足球, 另一位接住它, 两者相互传递而发生相互作用. 若以直线代表电子, 波浪线代表光子, 那么电子运动过程中发射一个光子可用图 5.8 的左图来表示, 电子运动过程中吸收一个光子可用图 5.8 的右图来表示, 那么两者连接就表示了两个电子通过传递光子发生相互作用 (见图 5.9).

图 5.8 两个带电粒子发射和吸收光子图解

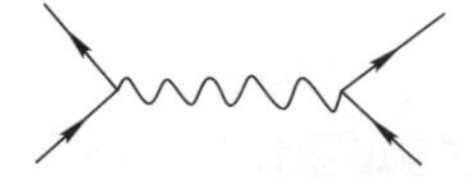

图 5.9 两个带电粒子通过传递光子发生相互作用图解

色味俱全的夸克之间的强相互作用是通过胶子传递的, 夸克有色荷 (好像电子带电荷一样), 但与光子不带电荷不一样, 胶子带色荷, 而不是色中性的粒子. 介子是正、反夸克组成的无色态, 重子是由三个夸克组成的无色态. 传递相互作用的胶子既有与同一种夸克颜色相互作用的胶子, 也有改变夸克颜色的胶子. 形象地说, 以 红 (R)、蓝 (B)、绿 (G) 标记三种不同颜色, 带色胶子必须具有红色和反绿色组合才能将红色夸克转变为绿色夸克, 那么胶子传递相互作用过程如下 (见图 5.10):

$$\mathrm{u_r} \to \mathrm{u_g} + \mathrm{g_{r\bar{g}}}.$$

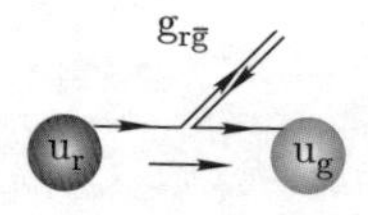

图 5.10 带色夸克之间通过带色胶子传递相互作用

三种不同颜色夸克之间相互作用有九种可能性: $\mathrm{R\overline{R}}, \mathrm{R\overline{B}}, \mathrm{R\overline{G}}, \mathrm{B\overline{R}}, \mathrm{B\overline{B}}, \mathrm{B\overline{G}}, \mathrm{G\overline{R}}, \mathrm{G\overline{B}}, \mathrm{G\overline{G}}$, 将它们排成一个 3×3 矩阵:

$$\begin{pmatrix} \mathrm{R\overline{R}} & \mathrm{R\overline{B}} & \mathrm{R\overline{G}} \\ \mathrm{B\overline{R}} & \mathrm{B\overline{B}} & \mathrm{B\overline{G}} \\ \mathrm{G\overline{R}} & \mathrm{G\overline{B}} & \mathrm{G\overline{G}} \end{pmatrix}.$$

注意到组合 $\mathrm{R\overline{R}}+\mathrm{B\overline{B}}+\mathrm{G\overline{G}}$ 无论怎么变化都是无色的, 应剔除,

数学上称为抽去矩阵迹 $\frac{1}{\sqrt{3}}(\mathrm{R\overline{R}+B\overline{B}+G\overline{G}})$. 那么剩下八个带色胶子 $\mathrm{g}_i(i=1,2,\cdots,8)$, 分别对应 $\mathrm{g_1=B\overline{R}, g_2=G\overline{R}, g_3=R\overline{B}, g_4=R\overline{G}, g_5=G\overline{B}, g_6=B\overline{G}}, \mathrm{g_7}=\frac{\mathrm{R\overline{R}-B\overline{B}}}{\sqrt{2}}, \mathrm{g_8}=\frac{1}{\sqrt{3}}(\mathrm{R\overline{R}+B\overline{B}-2G\overline{G}})$. 因此夸克和胶子都带有不同的色荷, 夸克带三种颜色, 传递带色夸克之间相互作用的胶子则带有八种不同性质的色荷标记 (称为色八重态), 带色荷的胶子在传递相互作用过程中改变夸克的色荷. 夸克之间由于交换色八重态胶子产生颜色转换发生相互作用. 接下来, 我们要回答这种相互作用的形式是什么, 基本特点是什么.

强相互作用中传递夸克之间相互作用的胶子具有八种色荷, 带色荷的胶子在传递相互作用过程中改变夸克的色荷, 特别地, 带不同色荷的胶子也会发生自相互作用, 这就导致了强相互作用的特殊性质, 完全不同于电磁相互作用, 电磁相互作用中不带电荷的光子之间不发生相互作用. 电磁相互作用的强弱取决于电荷 e, 强相互作用的强弱取决于耦合常数 g_{s}. 夸克和胶子之间的相互作用除了类似于电磁相互作用中电子和光子之间的相互作用以外, 带色荷的胶子之间还存在很强的相互作用. 前者是屏蔽效应, 后者是反屏蔽效应, 而且由带色荷的胶子之间相互作用产生的反屏蔽效应大大超过了屏蔽效应. 这些反屏蔽效应决定了相互作用耦合强度 g_{s} 随能量 Q^2 的变化规律, 最终导致强相互作用的有效耦合常数 g_{s} 当能量 Q^2 趋于无穷大时趋于零, 定量地表达了强相互作用渐近自由的性质.

理论上讲, 描述电磁相互作用的基本理论是量子电动力学, 在电荷空间里满足电荷规范对称性, 由于其规范变换的可交换性, 称为阿贝尔定域规范理论, 其规范对称性为幺正群 U(1) 规范对称性, 电磁场为 U(1) 规范场. 三维色荷空间的规范对称性不是 U(1) 规范对称性, 而是满足 SU(3) 色规范群, 胶子场为 SU(3) 色规范场. 1973 年, 格罗斯 (D. Gross) (见图 5.11 左图)、波利策 (H. P. Politzer) (见图 5.11 中图) 和维尔切克 (F. Wilczek) (见图 5.11 右图) 提议了 SU(3) 色规范群下非阿贝尔规范场论可以作为强相互作用的量子场论, 称为量子色动力学 (QCD) 理论. 与量子电动力学一样, 量子色动力学也是一种定域规范理论 (表 5.1 给出了量子电动力学和量子色动力学的比较). 在这个理论中, 严格的对称性是色

图 5.11 左图: 格罗斯; 中图: 波利策; 右图: 维尔切克

SU(3) 对称性, 夸克之间的强相互作用则是由于交换带色荷胶子而产生的, 它们无质量. 正是带色荷胶子之间有相互作用, 从而产生了反屏蔽效应, 相互作用随着能量的增加而减小. 与 g_{s} 紧密相关的 β 函数① 为负值, 决定了强相互作用的渐近自由性质. 这一性质对认识自然界中强相互作用的本质极为重要. 人们形象地将反映这一特点的耦合常数称为跑动耦合常数. 跑动耦合常数随能量 Q^2 增大而对数减小这一

表 5.1 量子电动力学和量子色动力学的比较

	量子电动力学	量子色动力学
对称群	U(1)	SU(3)
守恒量子数	电荷	色荷
传递力的媒介子	光子 (一种)	胶子 (八种)

① 与重整化群相关, 具体含义可参考量子场论教科书.

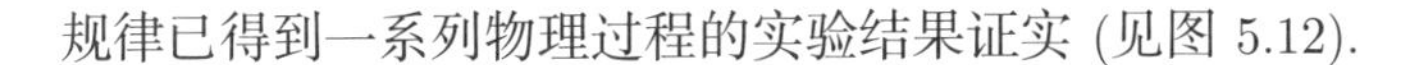

规律已得到一系列物理过程的实验结果证实 (见图 5.12).

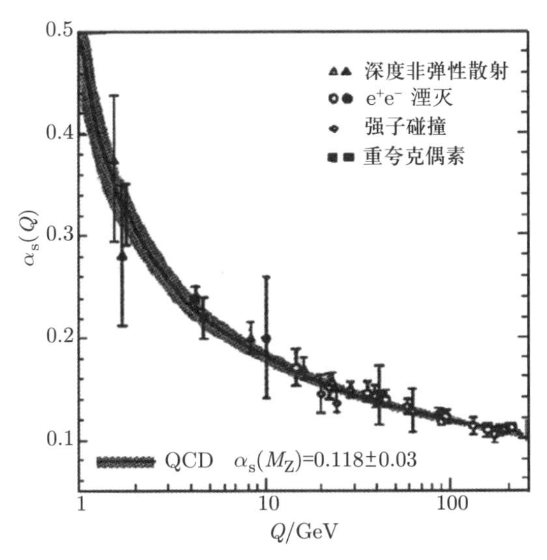

图 5.12 跑动耦合常数 $\alpha_s(Q)$ 随 Q^2 变化而改变. 实验上从几 GeV^2 一直到几百 GeV^2 都验证了理论计算的正确性. 图中阴影部分显示理论计算中的不确定性 (取自 Bethke S. Nucl. Phys. Proc. Suppl., 2004, 135: 345)

量子色动力学渐近自由理论成功地通过了 40 多年的实验检验, 能较好地解释一系列高能实验结果, 包括 R 值随能量的变化, 轻子–质子深度非弹性散射的结构函数对标度无关性的偏离、高能下的喷注现象等. 量子色动力学取得的成就足以证明它是强相互作用的基本理论, 正走向精密验证和发展的阶段.

量子色动力学理论的基本成分是夸克和胶子, 它们被紧紧束缚在强子内部, 不能被击出呈自由的状态, 只能间接地由强子实验观测到它们的存在, 称为夸克禁闭. 渐近自由和夸克禁闭是量子色动力学理论的两个重要特点. 渐近自由性质在高动量迁移下的物理过程中得到了实验检验. 对于低动量迁移的物理现象和强子结构, 量子色动力学则面临夸克禁闭困难, 因而很难精确计算低动量迁移下物理过程的强子矩阵元. 跑动耦合常数 g_{s} 在能量 Q^2 变小时逐渐增大, 以至于达到无穷大. 由此可以定性地理解为什么夸克在强子内部而不能以自由状态分离出来, 因为当两个夸克之间的距离增大时, 夸克之间交换胶子的能量 Q^2 变小, 跑动耦合常数变大, 以至于耦合强度变为无穷大, 正像橡皮筋一样, 拉的愈长弹回的强度愈大, 使夸克永远束缚在一起.

由渐近自由性质决定的微扰量子色动力学理论建立在微扰真空的基础上, 而量子色动力学物理真空完全不同于微扰真空. 真空性质的复杂性及其物理后果都充分表明了真空不空, 这对物理学发展产生了深刻的影响. 南部阳一郎 (Y. Nambu) (见图 5.13) 的对称性自发破缺理论就是基于对真空物质性的认识提出的. 物质与真空中的夸克–反夸克对和胶子不断发生相互作用构造出新的强子结构图像. 因此揭示物理真空的本质必将导致夸克禁闭疑难的解决. 只有完全理解了渐近自由和夸克禁闭, 人们才能精确计算涉及强相互作用的物理过程和强子谱, 并通过从高能到低能所有能区的实验检验, 那时才能说对强相互作用有了深刻的理解.

图 5.13 南部阳一郎

第六章 传递四种相互作用力的媒介子和统一之路

§6.1 从夸克层次描述弱相互作用

前面已介绍了传递电磁相互作用的媒介子是光子, 传递强相互作用的媒介子是胶子, 那么传递弱相互作用的媒介子是什么?

弱相互作用也是短力程的相互作用, 只有在微观物理中才会明显地表现出来. 首先被研究的弱相互作用过程是原子核物理中的 β 衰变现象. 它比强相互作用弱得多, 而且反应过程很慢, 所需要的时间在 10^{-10} s 以上. 原子核的 β 衰变是由下述基本过程决定的:

$$\mathrm{n} \to \mathrm{p} + \mathrm{e}^- + \bar{\nu}_\mathrm{e}.$$

而原子核的 μ 俘获现象主要是由下述过程决定的:

$$\mu^- + \mathrm{p} \to \mathrm{n} + \nu_\mu.$$

除了中子和质子间转化的弱相互作用之外, 大多数强子和轻子之间也存在着类似的弱相互作用过程, 几乎所有的粒子都与弱相互作用相关. 原子核的 β 衰变中的四种粒子, 即中子、质子、电子和中微子都是自旋为 1/2 的费米子, 弱相互作用基本过程是四个自旋为 1/2 的费米子的相互作用顶点. 1934 年费米提出四费米子相互作用理论来描述 β 衰变弱相互作用过程, 即四个费米子直接发生相互作用 (见图 6.1). 弱相互作用过程中四个费米子分为两组, 不参与强相互作用的轻

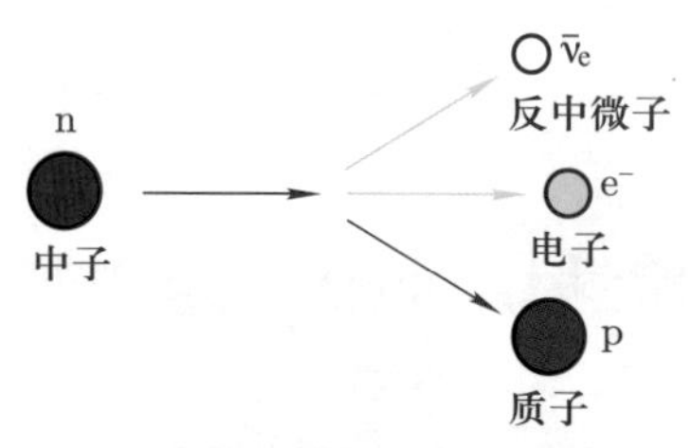

图 6.1　四个自旋为 1/2 的费米子直接相互作用的顶点

子, 如电子和中微子为一组, 参与强相互作用的强子, 如质子和中子为一组, 所有弱相互作用过程都是由两两一组的四个费米子直接耦合形成的. 1956 年, 李政道、杨振宁提出在弱相互作用过程中宇称不守恒的理论. 1957 年, 吴健雄的实验证实了这一理论. 这对弱相互作用理论的发展有很大的影响. 以描述 β 衰变的四费米子弱相互作用理论为例, 李政道、杨振宁、吴健雄的在弱相互作用中宇称不守恒的理论和实验是物理学家以一个普遍形式研究四费米子弱相互作用的出发点. 1958 年, 费曼、盖尔曼、马沙克和苏达山的分析表明, 弱相互作用过程中四个费米子通过两两一组的 $V-A$ 型流 (V 是矢量流, A 是轴矢量流) 直接耦合能很好地解释原子核 β 衰变现象. 他们还发现, 纯轻子型 $\mu \to e\nu\bar{\nu}$ 弱衰变过程也可以通过四个轻子中两两一组的 $V-A$ 型流弱相互作用理论来描述, 不仅在形式上一样, 而且实验结果表明耦合常数相等, $GM_{\mathrm{N}}^2 = 1.0246 \times 10^{-5}$. 进一步的实验结果表明, 对于强子的弱衰变过程也可以通过四个强子中两两一组的 $V-A$ 型流弱相互作用理论来描述. 一系列的实验事实与理论计算相一致证实了普适的弱相互作用理论: 任何四个费米子 (轻子或强子) 的弱相互作用都可以用 $V-A$ 型理论描述, 只要满足轻子数守恒、重子数守恒、电荷守恒, 以及 $\Delta Q = \Delta S$ 等规则. 通常也称这种四个费米子直接发生相互作用的理论为 $V-A$ 型流–流耦合理论, 适用于所有的弱相互作用过程, 称为普适费米型弱相互作用理论. 费曼和盖尔曼两人的关系并不算好.

作者在 1980 年访问加州理工学院时, 看到他们两人的办公室中间隔着秘书办公室, 往来甚少. $V-A$ 型普适弱相互作用理论可能是他们唯一一篇合作的论文, 然而这是弱相互作用中具有里程碑意义的论文.

在第四章中已讲过, 所有强子都是由夸克组成的, 强子的弱相互作用可以归结为夸克的弱相互作用. 考虑到 p, n 的夸克组成 p =(uud), n =(udd), 从夸克层次理解, 应由夸克两两一组构成弱相互作用 $V-A$ 型流. 例如原子核的 β 衰变 $\mathrm{n} \to \mathrm{p} + \mathrm{e}^- + \bar{\nu}_\mathrm{e}$ 归结为是由下述基本过程

$$\mathrm{d} \to \mathrm{u} + \mathrm{e}^- + \bar{\nu}_\mathrm{e}$$

决定的, 即中子 (udd) 中的一个 d 夸克衰变为 u 夸克, p = (uud), 此时的四费米子相互作用就是由两组费米子 (u, d) 和 $(\mathrm{e}, \nu_\mathrm{e})$ 直接相互作用的过程 (见图 6.2).

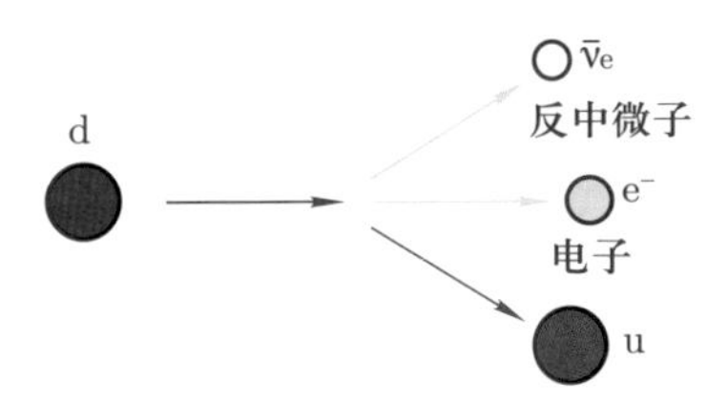

图 6.2 $\mathrm{d} \to \mathrm{u} + \mathrm{e}^- + \bar{\nu}_\mathrm{e}$

类似地, $\mathrm{K}^- \to \mu^- + \bar{\nu}_\mu$ 衰变可归结为下述基本过程 (见图 6.3):

$$(\bar{\mathrm{u}}\mathrm{s}) \to \mu^- + \bar{\nu}_\mu$$

或

$$\mathrm{s} \to \mathrm{u} + \mu^- + \bar{\nu}_\mu.$$

图 6.2 是奇异数不改变的弱相互作用过程, 图 6.3 是奇异数改变的弱相互作用过程.

人们将弱相互作用衰变过程按末态所含粒子类型分为三类:

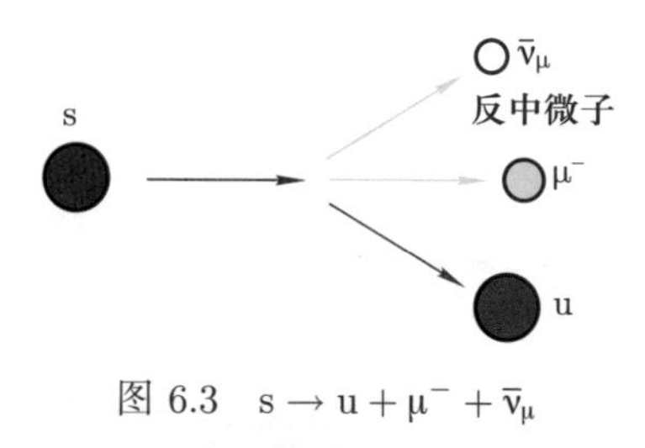

图 6.3　$s \to u + \mu^- + \bar{\nu}_\mu$

(1) 纯轻子衰变过程, 例如

$$\pi^+ \to \mu^+ + \nu_\mu,$$
$$\mu^- \to e^- + \nu_\mu + \bar{\nu}_e,$$

其中 $\pi^+ = (u\bar{d})$ 中的夸克 (u, d) 与末态轻子 (μ^+, ν_μ) 耦合, 而 $\mu^- \to e^- + \nu_\mu + \nu_e$ 过程是由两组轻子 (μ^-, ν_μ) 和 (e^-, ν_e) 流直接耦合的过程.

(2) 半轻子衰变过程 (末态既有轻子又有强子), 例如

$$K^- \to \pi^0 + e^- + \bar{\nu}_e,$$
$$\Lambda \to p + e^- + \bar{\nu}_e.$$

这两个过程都是奇异粒子的弱衰变过程. 从夸克层次讲, $K^- = (s\bar{u})$, $\pi^0 = \left(\dfrac{d\bar{d} + u\bar{u}}{\sqrt{2}}\right)$, $\Lambda = (uds)$, 它们中的奇异夸克 $s \to u + e^- + \bar{\nu}_e$, 是夸克 (s, u) 流与末态轻子 (e^-, ν_e) 流耦合的过程.

(3) 非轻子衰变过程 (末态仅有强子的弱衰变过程), 例如

$$\Lambda \to p + \pi^-,$$
$$K^\pm \to \pi^\pm + \pi^0.$$

这两个过程都是奇异粒子的弱衰变过程. 从夸克层次讲, $\Lambda = (uds)$, $K^+ = (u\bar{s})$, $K^- = (s\bar{u})$, $\pi^- = (d\bar{u})$. 它们中的奇异夸克

$\mathrm{s} \to \mathrm{u}+\mathrm{d}+\bar{\mathrm{u}}$, 是由两组夸克 (s,u) 和 (u,d) 流直接耦合的过程.

对纯轻子弱相互作用来讲, 其中参与直接发生相互作用的弱作用的全部是轻子. 除了衰变过程外, 还有散射过程, 例如 ν_{e}-e 散射过程. 当散射过程的能量相对于 m_{e} 足够大时, m_{e} 可略去, 具有质量量纲的物理量只有总能量, 从简单的量纲分析知 ν_{e}-e 散射过程总截面

$$\sigma = 常数 \times G^2 s,$$

其中 s 为初态总能量的平方, 表明总截面随能量的平方上升. 这个理论结果与低能反应堆实验一致. 然而这一结果对能量强依赖, 随着能量平方增长而增长, 将与概率守恒相冲突, 破坏幺正性. 尽管在最低阶的微扰论计算中, 普适费米型弱相互作用理论可以给出同实验相符合的结果, 然而高阶计算中出现的无穷大却无法用重整化的方法消除, 这是费米型弱相互作用理论的根本困难. 所以四费米子弱相互作用理论是低能有效理论.

对于参与弱相互作用的既有轻子又有强子的半轻子过程, 注意到轻子、核子与 π 介子的奇异数 S 皆为 0, 而 K^- 和 Λ 的奇异数皆为 -1, 按照奇异数是否守恒, 它们可以分成两类: 一类是奇异数守恒过程, $\Delta S = 0$, 如

$$\begin{aligned}
&\beta\ 衰变, \mathrm{n} \to \mathrm{p}+\mathrm{e}^- + \bar{\nu}_{\mathrm{e}},\\
&\pi\ 衰变, \pi^- \to \mu^- + \bar{\nu}_{\mu},\\
&\mu\ 俘获, \mu^- + \mathrm{p} \to \mathrm{n} + \nu_{\mu}.
\end{aligned}$$

另一类是奇异数改变的过程, $\Delta S = 1$, 如

$$\begin{aligned}
&\mathrm{K}^- \to \mu^- + \bar{\nu}_{\mu},\\
&\Lambda \to \mathrm{p}+\mathrm{e}^- + \bar{\nu}_{\mathrm{e}}.
\end{aligned}$$

在夸克模型建立之后, 普通强子的组成粒子是 u, d, s 夸克, 强子是夸克通过交换胶子组成的束缚态, 因此强子的弱相互作用可以归结为夸克的弱相互作用:

$$\mathrm{d} \to \mathrm{u} + \mathrm{e}^- + \bar{\nu}_\mathrm{e}, \quad \Delta S = 0,$$

$$\mathrm{s} \to \mathrm{u} + \mu^- + \bar{\nu}_\mu, \quad \Delta S = 1.$$

为了压低奇异数改变的中性流, 1970 年格拉肖 (S. L. Glashow), 伊利奥普洛斯 (T. Iliopoulos) 和马亚尼 (L. Maiani) 提出引入一个新夸克 c (称为 GIM 机制). 因此夸克的数目从 u, d, s 三个夸克变成为四个夸克 u, d, s, c, 分为两组, 称为两代夸克:

$$\begin{pmatrix} \mathrm{u} \\ \mathrm{d} \end{pmatrix}, \quad \begin{pmatrix} \mathrm{c} \\ \mathrm{s} \end{pmatrix}.$$

1974 年丁肇中和里克特发现的 J/ψ 粒子就是 $(\mathrm{c}\bar{\mathrm{c}})$ 的束缚态, 从而证明了粲夸克 c 的存在.

1973 年, 小林诚 (见图 6.4 中图) 和益川敏英 (见图 6.4 右图) 将二代夸克的卡比博 (N. Cabibbo) (见图 6.4 左图) 混合矩阵推广到三代夸克, $V_\mathrm{C} \to V_\mathrm{CKM}$, 由此提出了 CP 对称性破缺的起源. 前面已提到, 1974, 1976, 1995 年, 实验上分

图 6.4　左图: 卡比博; 中图: 小林诚; 右图: 益川敏英

别发现了 c, b, t 三种重夸克, 证实了三代夸克

$$\begin{pmatrix} \mathrm{u} \\ \mathrm{d} \end{pmatrix}, \quad \begin{pmatrix} \mathrm{c} \\ \mathrm{s} \end{pmatrix}, \quad \begin{pmatrix} \mathrm{t} \\ \mathrm{b} \end{pmatrix}$$

的预言. 21 世纪初, B 介子工厂的实验证实了 B 介子中存在 CP 不守恒现象. 近年来关于中微子混合的实验结果也促使人们进一步探讨轻子系统中存在 CP 不守恒现象的可能性. 对称性自发破缺和 CP 对称性破缺还具有更深远的科学意义, 它提供了解释宇宙起源和今日宇宙存在的可能性. 宇宙大爆炸理论预言了早期宇宙很可能处于高度对称状态, 经过冷却和相变才变成今日之世界, 这就对应于一系列的对称性自发破缺过程. 对于对称性破缺最早的研究是 1956 年李政道和杨振宁提出的宇称 (左右) 对称性在弱相互作用下破缺, 即宇称不守恒规律 (见图 6.5). 这打破了人们在历史上一贯认为的

图 6.5 20 世纪 50—60 年代, 李政道和杨振宁合作做出了一系列重要成果

对称性守恒是物理学中基本规律的观念. 1964 年克罗宁 (J. W. Cronin) (见图 6.6 左图) 和菲奇 (V. Fitch) (见图 6.6 右图) 从 K 介子系统中又发现弱相互作用过程中宇称 (P) 和电荷共轭 (C) 的联合变换 (CP) 也是对称性破缺的. 他们由于此发现获得了 1980 年诺贝尔物理学奖. 电荷共轭 (C) 是将

正粒子变换为反粒子或者将反粒子变换为正粒子的对称性变换操作. 人们逐渐认识到对称性和对称性破缺是自然界中的基本规律.

图 6.6　左图: 克罗宁; 右图: 菲奇

§6.2　传递弱相互作用的媒介子

电磁相互作用通过传递光子而发生, 如电子或正电子之间不是直接发生相互作用, 而是以自旋为 1 的光子为媒介:

$$\mathrm{e} \to \mathrm{e} + \gamma.$$

量子电动力学相互作用中包含了两个电子或正电子 (费米) 场和一个媒介光子 (玻色) 场, 通常称为汤川型相互作用 (见图 6.7). 电磁相互作用是长程力, 相应地, 传递相互作用的媒介光子质量为零.

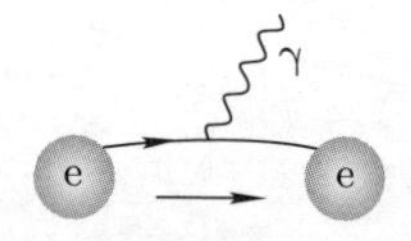

图 6.7　汤川型相互作用 $\mathrm{e} \to \mathrm{e} + \gamma$

类比电磁相互作用, 弱相互作用的四个费米子的相互作用可以设想为两组流之间通过自旋为 1 的媒介中间玻色子

W 传递, 也是某种汤川型相互作用 (见图 6.8). 前面所述的 β 衰变基本过程

$$\mathrm{n} \to \mathrm{p} + \mathrm{e}^- + \bar{\nu}_\mathrm{e}$$

应为

$$\mathrm{n} \to \mathrm{p} + \mathrm{W}^-, \quad \mathrm{W}^- \to \mathrm{e}^- + \bar{\nu}_\mathrm{e},$$

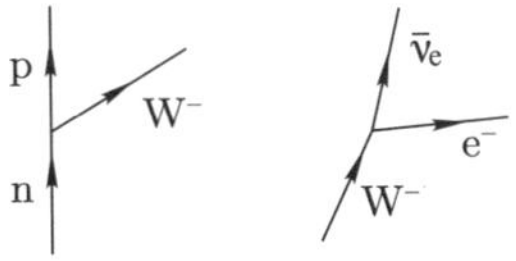

图 6.8 汤川型相互作用 $\mathrm{n} \to \mathrm{p} + \mathrm{W}^-, \mathrm{W}^- \to \mathrm{e}^- + \bar{\nu}_\mathrm{e}$

其传递弱相互作用的中间玻色子 W 是矢量型媒介玻色子, 非常类似于光子. 因为弱相互作用仅发生在原子核大小范围内, 与电磁相互作用不同, 是短程力, 因此中间玻色子 W 具有大质量 m_W. 令中间玻色子 W 与弱流耦合的强度为 g_W, 如果物理过程的能量比中间玻色子的质量 m_W 小很多, 则相互作用成为四费米子相互作用 (以量子场论语言来说, 此时中间玻色子的传播子近似地收缩为一点), 那么有

$$m_\mathrm{W}^2 = \frac{\sqrt{2} g_\mathrm{W}^2}{G} = \frac{\sqrt{2}}{G m_\mathrm{p}^2} g_\mathrm{W}^2 m_\mathrm{p}^2 \approx \sqrt{2} g_\mathrm{W}^2 \cdot 10^5 m_\mathrm{p}^2.$$

由此式可见, 如果弱相互作用流与中间玻色子耦合强度 g_W^2 和电磁相互作用强度 e^2 具有同样大小, 则有

$$m_\mathrm{W} = 100\ \mathrm{GeV}.$$

中间玻色子的质量 m_W 的确很大.

从上面的讨论可知, 弱相互作用与电磁相互作用有类似之处, 都是交换矢量玻色子, 但光子无质量, 而中间玻色子有质量. 当中间玻色子的质量大到约 100 GeV 时, 两者耦合强度也相近. 这就预示着两种相互作用有可能在统一的规范场模型中描述, 然而理论必须既保持规范不变性又能使传递相互作用的中间玻色子获得大质量. 因此如何构造统一的电磁

相互作用和弱相互作用理论模型, 使引入的中间玻色子既不破坏规范不变性又能获得较大质量, 成为一个必须克服的难题.

§6.3　电磁相互作用和弱相互作用统一

电和磁现象是自然界中很早就被认识的两种物理现象. 早在 18 世纪, 人们就发现了两个带电物体之间相互作用力与它们的距离平方成反比的库仑定律, 19 世纪初, 又发现了电流磁效应的安培定律. 19 世纪 30 年代, 法拉第 (M. Faraday) 发现了电磁感应现象, 电能和磁能可以相互转化. 19 世纪后半期, 麦克斯韦总结了前人的经验, 成功地提出了麦克斯韦方程组, 统一建立了描述电和磁的电磁学方程, 预言了电磁波的存在. 很快赫兹 (H. R. Hertz) 就通过一系列实验证实了电磁波的存在. 这不仅验证了麦克斯韦方程组的正确, 而且开辟了人类应用电磁波的新时代. 20 世纪以至 21 世纪, 电磁学规律已经并将继续对工业、农业、科学技术和军事产生巨大的影响.

引力和电磁相互作用力的大小都与距离平方成反比, 都是宏观范围就存在的长程力, 麦克斯韦电磁学方程和爱因斯坦引力方程在数学形式上也有类似之处, 人们不禁要问: 两者之间有无本质联系? 爱因斯坦早在 20 世纪 20—30 年代就开始尝试将电磁力和引力统一在场论框架下, 但一直未能如愿. 这里不探讨其原因, 而是介绍 20 世纪 60 年代科学家们沿着自然界相互作用力统一这一方向, 如何发现了电磁力和弱力的统一规律及其对自然界的深远影响.

1961 年, 格拉肖 (见图 6.9 左图) 提出了电磁相互作用和弱相互作用的统一模型. 这个理论的基础, 是杨振宁和米尔斯 (R. L. Mills) (见图 6.10) 在 1954 年提出的非阿贝尔规范场论. 格拉肖提出, 电磁相互作用和弱相互作用具有一种特殊

的对称性 —— $SU(2) \times U(1)$ 对称性. 其中 $U(1)$ 对称性是电磁相互作用所具有的, 它的阿贝尔规范场粒子 —— 光子, 是传递电磁相互作用的粒子. 这是已为人们了解的. 而 $SU(2)$ 对称性则是弱相互作用应具有的对称性. 按照杨振宁和米尔斯的理论, 它的非阿贝尔规范场粒子有三种: W^+, W^- 和 Z^0, 是传递弱相互作用的媒介粒子, 像光子一样无质量. 无质量的媒介子只可能像电磁相互作用那样产生长程力, 这与仅在微观范围存在的弱相互作用短程力相矛盾. 问题是如何使得传递弱相互作用的媒介粒子 W^+, W^- 和 Z^0 获得大的静止质量. 在 $SU(2) \times U(1)$ 对称性框架里, 这两种相互作用可以统一, 两种耦合常数有着确定的关系, 但是无法回答 $W^{\pm}$ 和 Z^0 粒子如何具有大静止质量的问题.

图 6.9 左图: 格拉肖; 中图: 萨拉姆; 右图: 温伯格

图 6.10 杨振宁和米尔斯

1967—1968 年, 温伯格 (见图 6.9 右图)、萨拉姆 (见图 6.9 中图) 在格拉肖的 SU(2)×U(1) 定域对称性框架里引入希格斯 (Higgs) 场 (标量场) 的自作用形式导致的电弱对称性的自发破缺, 由此机制使中间玻色子获得质量, 定量地预言了中间玻色子的静止质量以及弱相互作用耦合常数与电磁相互作用耦合常数的关系. 这个理论中很重要的一点是预言了弱中性流的存在, 而当时实验上并没有观察到弱中性流现象. 由于当时没有实验的支持, 所以这个模型并未立即引起足够的重视. 1973 年, 美国费米实验室和欧洲核子研究中心在实验中相继发现了弱中性流, 此模型的预言得到了验证. 1979 年, 格拉肖、温伯格、萨拉姆获得了诺贝尔物理学奖. 然而当时他们所预言的中间玻色子 ($W^{\pm}$ 和 Z^0) 尚未发现, 有人质疑诺贝尔物理学奖发给他们太早了, 如果实验上找不到中间玻色子怎么办? 还有人开玩笑说应该收回这个奖. 科学家们努力在新的加速器实验中达到理论预言的中间玻色子 ($W^{\pm}$ 和 Z^0) 的能量区域以发现它们. 20 世纪 80 年代初, 欧洲核子研究中心将 70 年代建造的超级质子同步加速器 (Super Proton Synchrotron, SPS) (图 6.11 为 SPS 的隧道) 改建成超级质子–反质子同步加速器 (SPPbarS). 改建中最为关键的是要有

图 6.11 超级质子同步加速器 SPS 的隧道

一个产生和积累高能反质子的源. 幸好, 范德梅尔 (S. van der Meer) (见图 6.12 右图) 于 1972 年提出了粒子随机冷却的概念, 并在 20 世纪 70 年代末建造了一台反质子源. 它能使反质子在特殊的高频电磁场作用下按确定方向聚集成极高密度束团, 称为反质子积累器 (antiproton accumulator, AA), 并注入 SPS 中. 1982 年, 能量为 540 GeV 的超级质子–反质子同步加速器 (SPPbarS) 对撞成功, 在周长为 6.5 km 的环上有两个大型实验 UA1 和 UA2 来寻找中间玻色子. UA1 和 UA2 两个实验组于 1983 年 1 月和 6 月分别发现了带电和中性的中间玻色子 ($W^{\pm}$ 和 Z^0). 实验上测到的中间玻色子的质量与理论预言惊人地一致. 质量 ($m_W \approx 80$ GeV, $m_Z \approx 90$ GeV) 及特性同理论上期待的完全相符, 这给予电弱统一理论以极大的支持. 物理学家鲁比亚 (C. Rubbia) (见图 6.12 左图) 和

图 6.12 左图: 鲁比亚; 右图: 范德梅尔

范德梅尔因此获得了 1984 年诺贝尔物理学奖. 此后这一理论经历了一系列实验的精密检验, 从而成为将电磁、弱相互作用统一的基本理论. 对电弱统一理论的成功验证, 其意义可以与对麦克斯韦电学和磁学统一理论的验证相比拟. 在电弱统一理论中, 电磁相互作用和弱相互作用分别通过传递光子和中间玻色子发生, 它们可以用一种统一的量子规范场来描述, 这一规范场与相互作用的夸克和轻子遵从规范不变的

内部对称性.

电弱统一理论模型利用了 1960—1961 年南部阳一郎提出的量子场论中的对称性自发破缺机制. 南部阳一郎首先认识到, 在某种相互作用形式下真空态可能不是唯一的, 存在多个最低能量态, 物理上称为简并真空态, 此时可能发生真空对称性自发破缺, 即物理真空只选取了多个简并真空中的一个态. 举个例子说明对称性自发破缺. 在一个圆盘中心有一支铅笔不停地转动, 铅笔对圆盘的任一方向都是对称的. 然而不稳定转动着的铅笔一定会倒下. 当铅笔停止转动, 倒在一个方向时就选择了这个特定方向, 不再具有各个方向对称的最低能状态 (见图 6.13). 或者说, 对称性存在于铅笔倒下之

图 6.13 左图: 一支铅笔不停地转动在圆盘中心; 右图: 铅笔停止转动倒在一个方向

前, 铅笔倒下之后对称性发生了自发破缺. 在微观世界, 情况要比这个例子复杂得多, 在此不做更多解释. 由于对称性的自发破缺, 微观系统中出现的零质量戈德斯通 (Goldstone) 玻色场[①], 将与相应的规范场的纵向自由度结合, 使原来没有质量的中间玻色子获得静止质量. 电弱统一理论模型引入此机制使得中间玻色子获得质量, 并精确地预言了质量大小, 且得到了实验的证实. 理论上称此机制为希格斯机制, 这是因为 1964 年希格斯 (P. Higgs) 的文章提出了这种产生粒子质量的机制. 希格斯场激发出的中性标量粒子称为希格斯粒子, 有人将其戏称为 "上帝粒子", 这将在下一章中详细讨论.

① 对戈德斯通玻色场的介绍可参考量子场论教科书.

§6.4 走向四种力统一之路

前面介绍了人类对物质结构的认识从原子深入到原子核. 原子核的大小仅是原子的万分之一. 原子核由质子、中子通过强相互作用束缚而成. 质子实际上是最轻的原子核——氢原子核, 它的大小是一般原子核的十分之一. 质子和中子由三种不同颜色的夸克组成. 在目前实验能达到的能量范围内并未发现三代夸克和三代轻子具有内部结构, 因此人类对物质结构的认识目前深入到夸克和轻子层次 (见图 6.14). 夸克、轻子层次所遵从的量子色动力学和电弱统一理论构成了现阶段描述物质结构的基本规律, 称为标准模型.

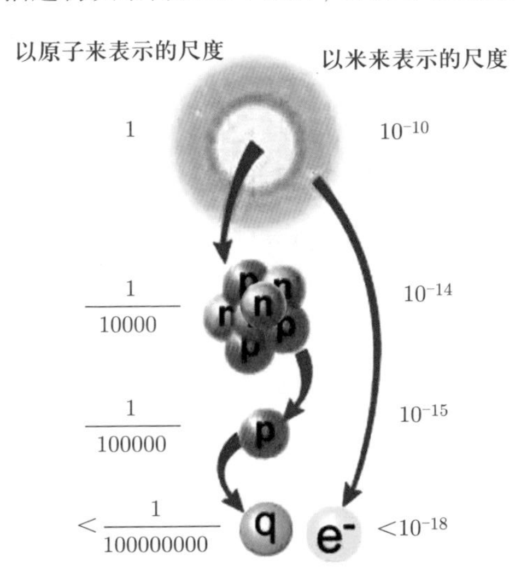

图 6.14 物质结构: 原子、原子核、质子、夸克不同层次的尺度

在标准模型中传递电磁相互作用的媒介子是光子 (γ), 传递弱相互作用的是荷电中间玻色子 (W^+, W^-) 和中性中间玻色子 (Z), 传递强相互作用的是八种胶子 (g) (见表 6.1 和图 6.15). 至于传递引力的引力子尚未发现. 爱因斯坦在 1916 年从引力方程预言的引力波则在 100 年后的 2016 年 2 月由

激光干涉引力波探测器 (LIGO) 发现, 韦斯 (R. Weiss) (见图 6.16 左图)、索恩 (K. Thorne) (见图 6.16 中图) 和巴里什 (B. Barish) (见图 6.16 右图) 因此发现获得了 2017 年诺贝尔物理学奖. 引力波类似于电磁场的电磁波, 是经典场方程的解, 不能说明存在传递引力的引力子.

表 6.1　相互作用类型及其媒介子

相互作用类型	传递相互作用的媒介子
电磁相互作用	光子
弱相互作用	中间玻色子 W^+, W^-, Z
强相互作用	胶子

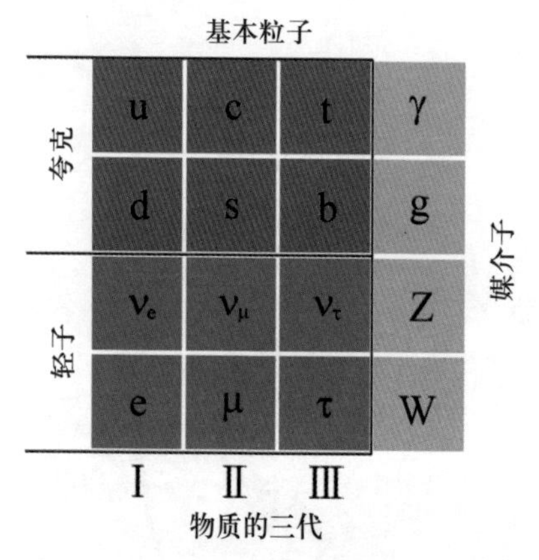

图 6.15　物质的基本单元 —— 夸克、轻子和传递相互作用的媒介子

夸克、轻子以及传递相互作用的媒介子就是物质世界的基本单元, 物理学家对物质世界的认识总结为包括强相互作用、弱相互作用、电磁相互作用的标准模型理论. 标准模型自 20 世纪 60 年代末到 70 年代初建立以来, 经受了大量实验的严格检验并继续发展, 获得了极大成功. 标准模型是近半个世纪对物质结构研究的结晶, 是 20 世纪物理学最重要的成就之一. 这一成就可以与 20 世纪初的玻尔原子模型相比. 正

图 6.16 左图: 韦斯; 中图: 索恩; 右图: 巴里什

是有了玻尔原子模型, 才有 20 世纪 20 年代末量子力学理论的建立. 可以相信, 标准模型理论的发展必将导致深层次的新的动力学规律的发现和建立.

在标准模型中, 不仅中间玻色子的质量是通过对称性破缺获得的, 而且夸克和轻子的质量也是通过引入希格斯场汤川型耦合给出的. 然而轻子和夸克的质量谱从 eV 一直到 173 GeV, 相差 11 个数量级, 即使同一层次的夸克的质量也从几 MeV 到 173 GeV, 相差数万倍, 这一质量等级的起源困扰着高能物理学家们. 这样宽广的质量谱反映了很可能有更深层次的物质结构. 中微子质量不为零且很小, 它们的质量起源以及可能存在的 CP 破坏已成为粒子物理学家和天体物理学家们关注的热点问题.

引入基本希格斯场给标准模型带来极大成功的同时, 也存在理论本身的缺陷, 这就是所谓的平庸性和不自然性问题. 若假定标准模型适用于整个能量范围, 则标准模型的高阶修正使得希格斯场的有效自作用强度实际为零, 意味着不可能产生对称性自发破缺, 这称为此理论的平庸性. 如果标准模型不能应用到整个能量区域, 而是在某个能标 Λ (一个自然的 Λ 是引力变得重要时的普朗克能标) 以下才适用, 则要求标准模型的参量准确到 34 位数才能得到符合实验的 W 玻色子质量. 这种要求在物理学中是难以理解的, 这称为此理论的不自然性. 此外, 标准模型中有 19 个可调参量, 这些参量主要是夸克和轻子的质量以及相互作用的耦合常数, 很难相信包含如此多参量的标准模型是物理学的基本理论. 目前物理学界普遍认为, 标准模型并不是基本理论, 而是更深层次 (新能标) 动力学规律在 “低能” 下的有效理论.

此外, 从历史上讲, 麦克斯韦电磁学理论统一了电学和磁学, 而标准模型中格拉肖–温伯格–萨拉姆理论使得电磁和弱相互作用统一在一个框架里, 可以用单一耦合常数的规范场论去描述. 强相互作用虽可用规范场论去描述, 但与电弱理论不在同一个框架里. 从 20 世纪 70 年代末, 人们就开始探讨统一描述强相互作用、弱相互作用和电磁相互作用, 使这三种相互作用在极高能量下演化汇聚为单一耦合常数的规范场论. 例如 SU(5) 大统一理论, 三种相互作用统一的能量高达 10^{15} GeV (见图 6.17). 但这一理论预言质子会衰变, 并给出了衰变寿命, 然而多年的实验研究都测不到质子的衰变, 其寿命远超过了该理论预言的上限, 否定了 SU(5) 大统一理论. 为此, 人们试图将三种相互作用力演化汇聚为一点的能量再推高, 以解决质子衰变的疑难. 此后还有 SO(10) 大统一理论和最小超对称大统一理论, 以及将引力包含在内的四种

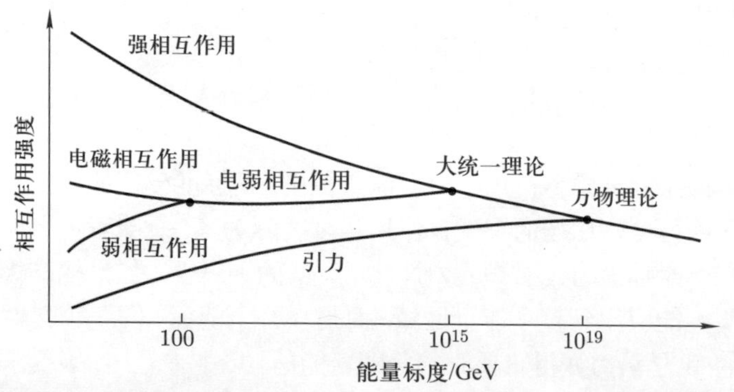

图 6.17 四种相互作用统一之路. 横坐标是能量标度, 纵坐标是相互作用强度

相互作用大统一理论等, 但都没有得到实验证实. 然而, 要知道如此高的能量 ($> 10^{15}$ GeV) 极大地远离目前加速器实验所能达到的能量范围 (TeV $= 10^3$ GeV), 超出十多个数量级, 这难道意味着如此宽的能量范围内是科学研究的大沙漠吗? 显然不是.

总之, 从爱因斯坦试图将电磁力和引力统一开始直至今日, 探究引力、电磁相互作用、弱相互作用和强相互作用的大统一理论吸引了数代杰出物理学家为之努力, 但实现这一理想仍有待时日.

第七章 自然界为何需要希格斯粒子?

§7.1 对称性和对称性破缺

从上一章可以看到, 自然界存在四种相互作用: 电磁相互作用、弱相互作用、强相互作用和引力, 物质的基本成分是夸克和轻子, 它们都是自旋为半整数 (1/2) 的费米子. 传递电磁相互作用的是自旋为 1 的光子, 传递弱相互作用的是自旋为 1 的中间玻色子, 传递强相互作用的是自旋为 1 的胶子, 传递引力的是自旋为 2 的引力子, 再加上自旋为 0 的希格斯粒子, 它们都是自旋为整数的玻色子. 夸克、轻子和自旋为整数的玻色子构成了自然界中最基本的成分, 图 7.1 展示了它们的性质.

显然, 图 7.1 中夸克、轻子和传递相互作用的玻色子都有它们的作用, 那么希格斯粒子起什么作用? 为了回答这一问题, 我们首先来分析传递四种相互作用的媒介玻色子. 传递电磁相互作用的光子和传递强相互作用的胶子是无质量粒子, 引力子尚未发现, 理论上推测也是无质量的. 然而实验上发现传递弱相互作用的中间玻色子具有较大的质量. 从上一章可知, 传递四种相互作用的玻色子无质量可以从规范对称性得到很好的理解, 而对称性自发破缺机制使得传递弱相互作用的中间玻色子获得了应有的大质量, 同时生成了希格斯粒子 H. 希格斯粒子的发现不仅证实了对称性自发破缺机制的正确, 而且也证实了物质质量起源的机制.

对称性存在于自然界许多客观物体的几何形状之中, 例如物体和镜中的像物体有镜像对称性, 一个球形物体对过它球心的轴有转动对称性, 各种建筑、图案等中也存在许多对

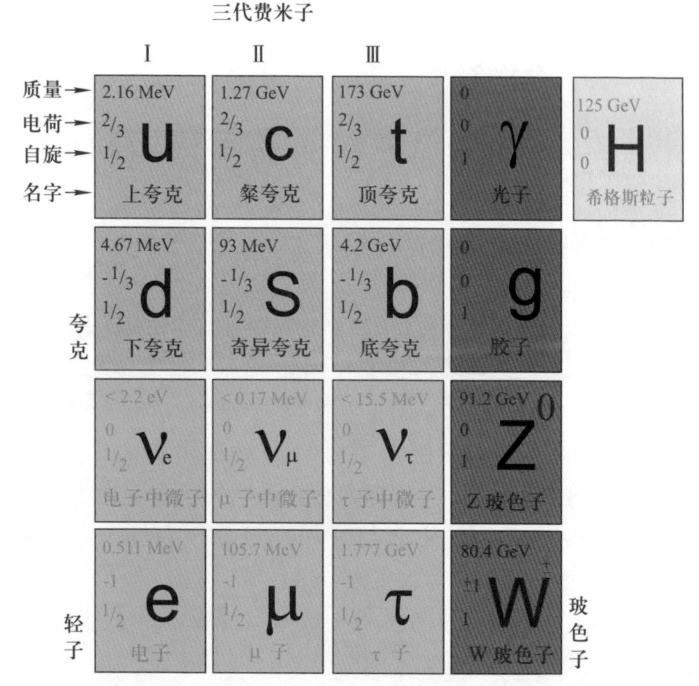

图 7.1 物质的基本单元 —— 夸克、轻子和传递相互作用的玻色子以及希格斯粒子

称性. 对称性和对称性破缺是物理系统很重要的性质, 而且一个物理系统若在一种对称变换下保持不变, 必将对应着一种守恒量. 若在不同时间、不同地点做同样一个物理实验, 其结果是相同的, 不会因为在中国和美国而做出不同物理规律的结果, 则意味着对这个物理系统, 时空坐标原点的选取和坐标轴方向的选取都没有影响, 或者说时间–空间是均匀和各向同性的. 又如相应于宏观物体的镜向对称性有微观粒子的空间反射对称性, 还有时间反演对称性、空间转动对称性等. 物理系统的对称性是和物理量的守恒律紧密相关的. 例如时间–空间的均匀和各向同性意味着物理系统在时间–空间平移变换和转动变换下是不变的, 这相应于能量–动量守恒律和角

动量守恒律, 其守恒量是能量、动量、角动量. 与空间反射对称性相关的是宇称守恒律, 其守恒量是宇称 (以 P 标记). 1956 年, 李政道和杨振宁注意到, 在弱相互作用中, 宇称守恒事实上并没有得到过实验上的证实. 他们提出, 在弱相互作用中宇称是不守恒的, 也不存在 θ-τ 之谜. 1957 年, 吴健雄小组在极化原子核 ^{60}Co 的 β 衰变实验中, 证实了弱相互作用中宇称不守恒. 随后不久, 宇称不守恒在其他的弱相互作用过程的实验中也得到了证实. 在微观物理研究领域, 每个粒子都存在着一个反粒子, 例如电子的反粒子是正电子, 质子的反粒子是反质子. 粒子与反粒子的质量相同, 但守恒量子数相反, 两者相遇会发生剧烈的湮灭反应, 生成光子. 正、反粒子间具有电荷共轭对称性, 与此对称性相关的是电荷共轭守恒量 (以 C 标记). 与时间反演对称性相关的守恒量是时间反演宇称 (以 T 标记). 1964 年, 克罗宁和菲奇等从 K 介子系统实验中又发现电荷共轭和空间反射联合 (CP) 对称性也是破缺的. 由物理学普遍原理知道, 微观世界严格遵从空间反射、时间反演、电荷共轭三者的联合变换 (CPT) 下的不变性, 即所谓的 CPT 定理. 实际上, 若自然界中电荷共轭、空间反射和时间反演联合对称性 (CPT) 是守恒的, 则 CP 不守恒就意味着时间反演 (T) 不守恒. 人们逐渐认识到, 对称性和对称性破缺是自然界中的基本规律.

除了上述的时间–空间变换对称性, 微观系统还存在一种与时间–空间无关的内部对称性. 例如, 20 世纪 60 年代初, 加速器上发现了大量新粒子, 从而使当时所谓的基本粒子的基本性受到猛烈冲击. 基于这些粒子的性质, 人们成功地提出了强子分类的 SU(3) 对称性. 又如前面提到的, 质子和中子除电荷外具有相同的性质, 即具有同位旋空间对称性. 再如电磁相互作用中有与电子相位相关的规范变换不变性, 光子就是传递电磁相互作用的规范玻色子, 并且此不变性严格地要求光子质量为零. 这一点仅对传递电磁相互作用的光子是正确的.

前面提到的弱相互作用宇称不守恒这种对称性破缺, 明显地包含在相互作用中, 称为对称性明显破缺. 上夸克、下夸克和奇异夸克由于质量不同, 也明显地破缺强子分类的 SU(3) 对称性. 第六章讲过, 对称性破缺还有另一种形式, 就是自发破缺. 再举个直观的例子, 一桌酒席开宴前, 每个座位前筷子、酒杯、毛巾整齐地摆放着, 从哪个角度看都是对称的, 可一旦一位客人拿起面前的筷子或毛巾, 原先的对称性就出现了破缺.

南部阳一郎当时是将铁磁系统和超导体中的对称性破缺引入微观粒子系统而提出对称性自发破缺机制的. 铁磁体和超导体系统就是这种情况. 例如铁磁体在居里点以下显示出铁磁性, 它的磁矩指向特定方向. 铁磁系统可以用自旋点阵模型来描述, 其相互作用形式是各向同性的, 即具有转动对称性, 但最低能态 (真空) 不止一个, 可以指向不同方向. 在居里点以下, 由于某种原因系统选定了所有自旋都排列在同一方向, 就不再是各向同性, 破坏了转动对称性, 发生了对称性自发破缺. 量子场论是描述微观粒子系统的基本理论体系, 量子场系统的能量最低状态就是真空态, 这个基态的能量、动量为零. 粒子是真空激发的量子, 所以粒子的性质必然与真空的本质密切相关. 真空的性质和各种粒子的运动规律由量子场论体系中的基本原理给出的相互作用形式确定. 因此, 自然界的真空不是一无所有的虚无, 而是充满物质场相互作用的最低能量态, 可以有真空零点振荡、真空涨落 (各种虚粒子的产生、湮灭和转化) 和真空凝聚 (如集体激发态的相干凝聚) 等.

按照戈德斯通定理, 当连续对称性产生自发破缺时, 系统中一定会出现零质量的戈德斯通粒子. 戈德斯通粒子的数目取决于相互作用对称性大小 (G) 和物理真空保留对称性大小 (H) 之差. 1964 年, 布鲁特 (R. Brout) 和恩格勒特 (F.

Englert) 首次提出粒子如何得到质量的理论. 一个月后, 英国物理学家希格斯也发表论文, 明确提出粒子得到质量的同时存在一个新的玻色子的概念 (这就是后来所谓的希格斯粒子). 他们的文章表明, 定域规范不变性理论与自发对称性破缺机制结合在一起, 会使得规范玻色子获得质量.

§7.2　中间玻色子质量来自希格斯机制

1954 年, 杨振宁与米尔斯试图将关于电磁相互作用的规范变换不变性推广到更一般的情况, 提出了非阿贝尔规范理论, 即杨–米尔斯理论. 按照规范变换不变性要求, 规范玻色子的质量必须为零. 电弱统一模型将杨–米尔斯理论应用到弱相互作用时, 同样要求传递弱相互作用的中间玻色子是零质量的粒子, 但显然零质量玻色子不符合弱相互作用是短程力的要求. 若在此模型中引入希格斯机制, 当选取了某一特定物理真空后, 对称性产生自发破缺, 则系统中出现的零质量戈德斯通粒子变成了规范媒介子的纵向自由度, 使原来没有质量的规范媒介子获得了很重的静止质量, 使统一的电弱相互作用分解为性质截然不同的电磁相互作用和弱相互作用两部分. 电弱统一模型说明, 在引入自发对称性破缺之后, 三个传递弱相互作用的中间玻色子会获得质量, 并且准确预言了它们的质量. 实验测到的中间玻色子的质量与理论预言惊人地一致.

电弱统一模型对称性产生自发破缺使得中间玻色子获得质量的同时, 还必须伴有一个带质量的希格斯粒子. 希格斯粒子是自旋为零、不带电荷的中性标量粒子, 但电弱统一理论无法预言它的质量. 电弱统一模型提出以后, 所预言的中性流和中间玻色子得到实验验证, 取得了极大的成功. 然而随着不断新建的加速器的能量升高, 在很长时间内, 实验上却始终没有发现希格斯粒子, 从几 MeV 一直找到几十 GeV,

都没有发现它. 当时每一台新加速器建成以后都试图发现它, 然而就是找不到. 如果希格斯粒子不存在, 那么对称性破缺的机制是什么? 传递弱相互作用的中间玻色子 W 和 Z 如何获得质量? 从 20 世纪 80 年代开始, 希格斯粒子的存在与否一度成为在粒子物理学里最重要的未解决问题之一. 1988 年诺贝尔物理学奖获得者莱德曼曾著有粒子物理学方面的科普书籍《上帝粒子 —— 如果宇宙是答案, 那么问题是什么?》. 莱德曼说他最早想将书名取作 “该死的粒子” (Goddamn Particle), 恰当地表达了希格斯粒子杳无踪迹以及人们为之所付出的代价与遭受的挫折感. 图书出版商不同意标题用 “Goddamn Particle”, 就改作了 “God Particle” (上帝粒子). 这一称呼更进一步引起了科学家和公众对希格斯粒子的关注和兴趣. 1990 年, 道森 (S. Dawson)、古尼昂 (J. Gunion)、哈伯 (H. Haber) 和凯恩 (G. Kane) 编写了《希格斯猎手指南》(*Higgs-Hunters Guide*) 一书. 书中写道:“标准模型的成功令人惊叹. 现在粒子物理的中心问题是去设法理解希格斯部分 (Higgs sector). ” 因此希格斯粒子存在与否成为 20 世纪后期粒子物理中的一个不解之谜.

当时世界上最大的加速器, 美国费米实验室的高能粒子加速器, 在 1995 年发现顶夸克的同时, 一系列的实验给出希格斯粒子的质量上限小于 200 GeV. 这就意味着需要一个相当巨大的机器才能找到希格斯粒子.

§7.3 发现希格斯粒子

大规模搜寻希格斯粒子的实验设施始于欧洲核子研究中心 (CERN) 的大型正负电子对撞机 LEP(Large Electron-Positron Collider). 它利用了原来的质子–反质子加速器隧道系统, 在 20 世纪 80 年代中期改造成正负电子对撞机, 有 27 km 的主环, 对撞能量达 100 GeV. 1989 年 7 月, 大型正负电子对撞机 LEP 正式运行, 是当时世界上最高能量的正负电子对撞机. 在横跨瑞士和法国的地下, 圆周为 27 km 的坑道里, 正负电子束流对撞, 获得了一系列实验结果, 例如对 Z 玻色子的精确测量得到自然界中轻子具有三代特性等等. 该对撞机在 1998 年前后, 实现了 200 GeV 对撞能量, 但仍未发现希格斯粒子. 到了 2000 年, LEP 所收集到的数据给希格斯粒子的质量确定了范围, 它的质量下限被设定为 114.4 GeV. 这意味着如果它存在, 则它应该会重于 114.4 GeV. 而理论和间接实验又估计其质量轻于 200 GeV. 由于 LEP 对撞能量为 200 GeV, 还达不到足以发现一对希格斯粒子的能量, 但很可能仅差一步之遥. 于是欧洲核子研究中心 (CERN) 将原来周长 27 km 的大型正负电子对撞机 (LEP) 改造为大型强子对撞机 (Large Hadron Collider, LHC) (见图 7.2), 将正负电子束

图 7.2 图中大圆环为欧洲核子研究中心 (CERN) 建造的周长 27 km 的大型强子对撞机 (LHC), 小圆环是 70 年代建造的超级质子同步加速器 (SPS).

流改为质子束流, 历时 10 多年, 投资高达百亿美元. 大型强子对撞机 (LHC) 的主要设计目标之一就是发现希格斯粒子. 由于质子比电子重很多, 对撞能量大为提高, 最初为 3.5 TeV 每质子束 (总共 7 TeV). 两个质子碰撞会产生大量包括强子、

轻子、喷注等各种次级效应的背景, 从中能将希格斯粒子挑选出来的概率极小, 理论上估计大约为 10 万亿分之一. 要在如此强的实验背景中通过分析希格斯粒子衰变产物去寻找希格斯粒子, 就需要科学家们周密地设计和建造精细测量的探测器, 还需要强有力的数据分析能力. 为此, LHC 建造了两个主要粒子探测器: ATLAS 和 CMS, 分别处于环形对撞机的两端 (见图 7.3), 另外还有两个称为 LHCb 和 ALICE 的探测器.

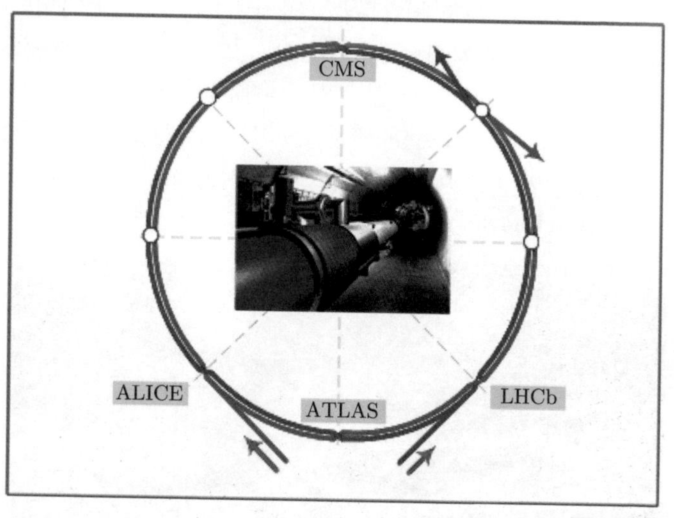

图 7.3 大型强子对撞机 LHC 圆环上的探测器装置 ATLAS, CMS, LHCb 和 ALICE

ATLAS 是迄今几何尺寸最大的对撞机实验, 地下的大厅的大小可与人民大会堂相比, 重约 7000 t (见图 7.4 左图). CMS 尺度比 ATLAS 小近一半, 但重近 2 倍 (见图 7.4 右图). 当两个质子束流在大型强子对撞机中对撞时, 会在 ATLAS 和 CMS 探测器的中心生成大量的强子, 这两个探测器的任务就是测量或者分辨这些成千上万的碰撞产物, 找出可能由希格斯粒子衰变出的末态粒子来确定它的存在. 这两个实验组都各有上千人的团队, 例如 ATLAS 有 150 多个单位的约 2000

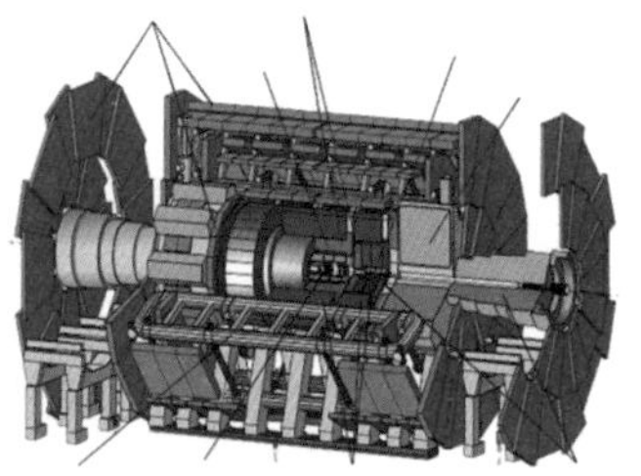

图 7.4 左图: 探测器装置 ATLAS; 右图: 探测器装置 CMS

多人参加. 两个探测器实验组独立观测, 相互佐证. 经过艰苦努力, 2012 年 7 月 4 日, 欧洲核子研究中心举行新闻发布会宣布, ATLAS 发现了质量为 125.3 GeV 的新玻色子, CMS 发现了质量为 126.5 GeV 的新玻色子. 两个探测器实验组的科学家们治学态度非常严谨, 只宣布新发现的粒子拟似希格斯粒子 (Higgs-like), 还需要积累足够的数据来确认. 又经过半年多的努力, 基于对积累的大量数据的分析, 2013 年 3 月 14 日, 欧洲核子研究中心再次以新闻发布会形式宣布先前发现的拟似希格斯粒子确认为希格斯粒子. 2013 年 10 月, 物理学家希格斯 (见图 7.5 左图) 和 恩格勒特 (见图 7.5 右图) 获得了诺贝尔物理学奖, 表彰他们在 20 世纪 60 年代对希格斯玻色子所做的工作 (很遗憾的是当初与恩格勒特同时发表论文的布鲁特在 2011 年去世, 否则获此诺贝尔奖的应为 3 人).

希格斯粒子的发现最终从实验上证实了标准模型中使得中间玻色子 W 和 Z 获得大质量的希格斯机制, 再次证明了标准模型的正确, 发现了标准模型所预言的最后一个粒子, 完善了夸克–轻子层次所遵循的标准模型规律最重要的基础.

在标准模型中, 不仅中间玻色子的质量是通过对称性破缺获得的, 而且夸克和轻子的质量也是通过引入希格斯机制破缺对称性给出的. 然而如前面提到的, 轻子和夸克的质量谱从 eV 一直到 173 GeV, 可以相差 11 个数量级, 即使同一层次的夸克的质量也从几 MeV 到 173 GeV, 相差数万倍, 暗示很可能有更深层次的物质结构, 粒子物理标准模型很可能不是自然界的基本理论. 粒子物理正走向突破标准模型的新阶段.

图 7.5　左图: 希格斯; 右图: 恩格勒特

在粒子物理标准模型中, 由于中微子质量很小, 可以忽略, 因而假定三代中微子都是无质量的, 这样每一代轻子才有严格的左手二重态. 从 1998 年开始, 实验上对中微子质量和中微子振荡的测量结果已表明, 真实的自然界已超出目前建立的标准模型. 科学家们正在探索超出标准模型的新现象和新物理. 下面几章将详细讨论包括中微子在内的超出标准模型的实验结果.

第八章　神秘的幽灵粒子

§8.1　预言中微子

1896 年, 贝克勒尔 (A. H. Becquerel), 发现了天然放射性现象, 使人们对物质世界的认识进入了一个新的层次 —— 原子核. 不稳定的原子核通过放射性衰变, 变成另一种原子核, 同时放射出射线. 天然放射性主要有三种, 分别被称为 α, β 和 γ 放射性, 放射出的粒子分别是 α 粒子 (即氦原子核)、电子和 γ 光子.

根据能量守恒定律, 一个原子核衰变成另一个原子核和一个射线粒子, 这个粒子的能量应该是确定的, 等于母核和子核的质量差. 对 α 和 γ 放射性的确如此, 观测到的 α 粒子和 γ 光子都是单能的. 但 β 衰变却很奇怪, 它总是呈现出连续的能谱, 有一部分能量 "丢失" 了. 这个现象严重困扰了当时的科学家, 有些科学家, 比如玻尔, 甚至开始怀疑能量守恒定律是否总是成立.

1930 年 12 月, 在德国图宾根召开了一次讨论放射性的会议, 泡利 "因为有个通宵舞会" 而不能亲临, 写下了一封载入史册的信给参会者. 在信中, 为了挽救能量守恒定律, 泡利提出了一个大胆的猜想:"原子核中可能存在一个电中性的粒子, 我称之为中子, 它的自旋为 1/2, 遵守泡利不相容原理, 同时, 与光子不同, 它不以光速运动. 中子的质量应该与电子差不多, 无论如何也不会大于 0.01 倍质子质量. 假如在 β 衰变中, 除了电子, 也发射一个中子, 电子与中子的能量之和是一个常数, 这样连续的 β 能谱看上去就合理了. "

泡利预言的 "偷走能量" 的中子, 因为 1932 年查德威克发现了现在所说的中子, 而在 1933 年被费米重新命名为 “中微子”, 意大利语中的意思是 “小的中子”.

泡利提出中微子的动机, 除了能量守恒, 还有一个现在看来不太正确的理由, 即解释某些原子核看上去错误的自旋–统计关系. 那时人们还不知道粒子可以产生和湮灭, 可以 “凭空” 产生新粒子. 能够产生新粒子的理论, 要等到几年后, 费米创立他划时代的 β 衰变理论时才被提出. 在这一理论提出前, 人们认为既然原子核能发生 β 衰变, 释放出电子, 那么原子核中原本就存在着电子, 但这样计算出来的原子核的总自旋不对. 泡利假定原子核中也存在 “中子”, 自旋为 1/2, 这样就能挽救自旋–统计关系.

泡利从未正式发表过这个假说, 因为他自己也不太相信会存在这样一个奇妙的东西. 在那封著名的信的末尾, 他写道:“我承认我的挽救方案看上去几乎不可能, 因为如果它存在的话, 我们应该很早就看到它了. 但是, 敢赌才会赢 ······ 我们应该认真讨论每一种可能性. ” 他自己感叹说: “天啊, 我预言了一种永远找不到的粒子. ”

不过, 费米却热情洋溢地拥抱了这个想法. 1934 年, 他提出了 β 衰变理论. 在这个理论中, 原子核中的一个中子衰变成质子, 同时产生一个电子和一个中微子. 这四个费米子在一个顶点直接耦合在一起, 称为 “四费米子相互作用”, 奠定了弱相互作用的理论基础. 费米的理论能够定量地描述 β 衰变的电子能谱, 至今仍在使用. 不过, 几十年后电弱统一理论提出, 人们发现弱相互作用中四个费米子并不是直接耦合, 而是交换了一个中间玻色子 $W^{\pm}$ 或 Z^0, 只是由于中间玻色子质量特别大, 两个顶点相距特别近, 直接耦合是一个非常好的近似.

费米的学生, 曾任加州理工学院校长和普林斯顿高等研究院院长的戈德伯格 (M. L. Goldberger) 说:“没有读过费米 1934 年的 β 衰变论文的物理学家, 应该冲出去, 马上读! 这是科学论文的典范: 清楚地提出问题, 给出解答, 然后与实验比较. 没有陈词滥调, 没有矫饰浮夸, 也没有许愿说这是一系列工作中的第一篇. 只有事实!”

§8.2 寻找中微子

尽管泡利说他自己“预言了一种永远找不到的粒子”, 但仍然有一些野心勃勃的科学家去努力寻找, 并最终在 26 年后成功探测到了中微子.

最早的尝试包括我国科学家王淦昌的工作. 1942 年, 王淦昌在美国《物理评论》上发表了论文《关于探测中微子的一个建议》, 提出了一种创造性的实验方法, 利用原子核的 K 电子俘获过程, 把 β 衰变的三体末态变成了两体. 如果发射了一个中微子, 我们应该能看到一个单能的反冲核, 其动量等于发射的中微子的动量. 当时正值抗日战争, 随浙江大学西迁的王淦昌先生在贵州遵义寄出了这篇短文, 但显然不可能在中国进行这项实验. 不久, 美国的艾伦 (J. S. Allen) 就采用这个方法成功观测到了核反冲, 不过证据并不确凿. 1952 年, 艾伦用氩 37 观测到了干净的单能核反冲, 与单个中微子发射的预言一致.

采用 K 电子俘获方法能够给出中微子存在的间接证明, 但实验上其他过程也有可能产生类似的信号, 例如我们今天寻找的暗物质, 也可能造成突发的核反冲. 因此, 这个方法不能完全排除其他解释, 也就没有被当成中微子存在的直接证据.

1946 年, 被称为“中微子教父”的庞蒂科夫 (B. Pontecorvo) 建议了另一种办法, 用氯 37 吸收来自太阳或反应堆的中微子, 变成放射性的氩 37, 测量氩 37 的衰变, 就能测到有多少个中微子发生了反应. 他说: “真正的 β 跃迁实际上肯定探测不到, 但是反应中可能产生已知的放射性核, 这个方法的关键, 在于产生的放射性核的化学性质与原来的原子不同, 这样我们就可以从大体积中浓缩放射性核. ” 从 1948 年开始, 美国布鲁克海文国家实验室的戴维斯 (R. Davis) 开始采用这种方法进行实验, 1956 年又转到了佐治亚州的萨瓦纳河核电站, 但实验一直未能成功. 其根本原因, 是人们那时还没有认识到中微子与反中微子的区别. 氯 37 吸收中微子变成氩 37 的反应只对中微子成立, 而反应堆发出的是反中微子, 因此根本不可能成功. 不过 1960 年代末期, 戴维斯采用这种技术成功探测到了太阳中微子 (见下一章), 也因此获得了 2002 年诺贝尔物理学奖. 为表彰全球中微子实验领域的科学家的贡献, 1995 年, 俄罗斯杜布纳研究所设立了庞蒂科夫奖.

尽管泡利和庞蒂科夫都认为直接探测中微子是一件不可能完成的任务, 但科学家仍在大胆尝试. 首先取得成功的是美国的莱因斯和考恩. 莱因斯是一名理论物理学家, 他加入了曼哈顿项目, 在费曼和提出太阳内部氢核聚变机制的贝特 (H. Bethe) 领导下, 为洛斯阿拉莫斯实验室的理论组工作. 莱因斯曾回忆说, 他的理论物理思维方式在发现中微子的过程中至关重要, “因为一个靠谱的实验家会认为根本没有成功的可能. ”

1951 年, 莱因斯设想在原子弹试验时, 在距 2 万吨当量的核爆中心 50 m 处, 放一个几吨重的探测器, 核爆瞬间会产生大量中微子, 也许能抓到几个. 不过他是一个理论家, 不知道探测器怎么做. 幸运的是, 他遇到了考恩. 他们把这个寻找中微子的计划称为 “吵闹鬼项目”(Project Poltergeist), 因为中微子就像一个难以捉摸的鬼怪.

1950 年, 液体闪烁体在原子弹的研究中被发明出来, 能够将带电粒子的辐射转变成光, 通过光电倍增管探测光, 就能探测到中微子发生的反应. 他们采用的探测原理是氢核的反 β 衰变反应. 与戴维斯用的氯反应一样, 这个原理也是庞蒂科夫提出的. 这一反应过程是一个氢核 (就是自由的质子) 与反中微子发生反应, 变成一个中子并释放一个正电子. 正电子首先在液体闪烁体中产生闪光, 中子先与质子反复碰撞, 慢化后被质子或其他核俘获, 产生第 2 道闪光, 两道闪光之间相距不到 1 ms 的时间. 连续的两道闪光构成了中微子的特征信号, 可以将环境中大量的本底信号压低几十万倍.

不久, 莱因斯和考恩就意识到, 有了这个技术, 不需要冒险在核爆旁边去做实验, 利用更温和的连续产生中微子的核反应堆也可以. 他们的第一个实验在汉福特反应堆进行, 采用了 300 L 液体闪烁体. 这是当时最大的探测器, 此前的物理实验很少采用 1 L 以上的液体闪烁体. 核武器试验产生了大科学工程的雏形, 使他们敢于考虑 “大规模” 的实验. 不过由于宇宙线本底没有屏蔽好, 汉福特实验的结论并不清晰. 1953 年, 他们发表论文说 “可能” 探测到了中微子. 莱因斯总结这次实验的经验教训时说, 你可以屏蔽来自外界的放射性本底, 但没法关掉宇宙线.

汲取经验教训后, 他们来到了更大的萨瓦纳河反应堆旁, 在距反应堆 11 m、位于地下 12 m 的地方, 放置了采用 400 kg 氯化镉水溶液和 4200 L 液体闪烁体做的探测器. 与汉福特实验相比, 不仅采用了更大、设计更好的探测器, 实验还搬到了地下以减少宇宙线, 同时设计了反符合探测器去除宇宙线的影响. 1956 年, 他们确凿无疑地找到了中微子.

即便如此, 由于探测中微子的困难性, 莱因斯的领导, 因提出太阳核聚变原理而获得诺贝尔奖的贝特听到他们成功的消息后依然将信将疑, 说 “我们不能论文上写的什么东西都信”. 也确实如此. 莱因斯和考恩在探测到中微子后, 给泡利发了封电报, 说: “我们很高兴地告诉您, 我们已确定无疑地探测到了中微子 …… 观察到的反应截面为 6×10^{-44} cm^2, 与理论预期符合得很好.” 不幸的是, 同年李政道和杨振宁提出了宇称不守恒, 导致中微子反应的理论截面增大了一倍. 他们重新分析了数据, 又与新理论符合得很好, 在同行中引起了非议. 也许因为这个原因, 如此重要的工作过了 39 年, 直到 1995 年才被授予诺贝尔物理学奖. 遗憾的是, 此时考恩已经去世, 无缘诺贝尔奖.

§8.3 找到三种中微子

相较于首次发现中微子的曲折和扑朔迷离, 发现第二种中微子的过程看上去要简单一些. 1962 年莱德曼、施瓦茨和斯泰因贝格尔利用布鲁克海文实验室新研制的当时世界上最强大的质子加速器 AGS, 建立了世界上第一条中微子束流. 15 GeV 的质子束流打击铍靶, 产生了大量 π 介子, π 介子再衰变成一个 μ 子和一个中微子. 由于质子能量很高, 所有这些次级粒子都沿原初质子的方向前冲, 但只有中微子才能穿透 13.5 m 厚的钢屏蔽层, 到达 10 t 重的火花室探测器. 为了节约成本, 用作屏蔽层的 5000 t 钢板来自退役的密苏里号战舰.

中微子在探测器中发生核反应, 生成带电轻子, 从而被探测到. 加速器产生的中微子数远不如核反应堆多, 但能量要高几百倍, 而中微子发生反应的截面大致正比于其能量, 再加上加速器容易控制, 因此比较干净地探测到了中微子. 他们发现中微子束流在探测器中只能产生 μ 子, 而不能产生电子, 说明这是一种新的中微子. 这个实验结果的意义不仅在于发现了一种新的中微子, 还将 "代" 的概念引入了粒子物理. μ 子与 μ 子中微子、电子与电子中微子之间分别存在轻子数守恒, 它们属于不同的 "代". 他们因此获得了 1988 年的诺贝尔物理学奖.

有趣的是, 莱德曼不仅发现了第二种中微子和底夸克, 给希格斯粒子取名 "上帝粒子", 也在发现宇称不守恒中起到了重要作用. 1956 年底, 莱德曼从李政道那里得知, 吴健雄已经看到了一个很大的宇称不对称结果, 正在重复验证. 李政道和杨振宁在论文中建议了两种宇称不守恒的实验检验方法, 一种是吴健雄采用的 β 衰变的方法, 另一种正好是莱德曼所擅长的 μ 子衰变的方法. 本来莱德曼认为这是很小的效应, 应该看不到, 但在得知这个消息后, 立即动手实验, 很快就得到了确定的结果, 而吴健雄的工作还没有完成. 为了尊重吴健雄的工作, 莱德曼 "熬过了非常痛苦的一个星期, 直到吴健雄完成她的最后检验". 两篇文章背靠背发表在同一期杂志上.

1989 年, 欧洲核子研究中心 (CERN) 通过 Z^0 粒子衰变宽度的测量, 证明存在且只存在 3 种中微子. Z^0 可以衰变到一对正反中微子. 尽管这样衰变出来的中微子因为反应截面太小, 几乎无法被探测到, 但存在多少种中微子会影响 Z^0 粒子的寿命和宽度, 可以通过探测带电粒子被测量出来. 多一种中微子, Z^0 粒子就增加一种衰变方式, 衰变宽度也就越大. 这个测量结果与 3 种中微子的假定符合得很好, 不过不能排除质量大于 Z^0 质量一半的中微子, 也不能排除不参与弱相互作用的中微子.

最后一种中微子 —— τ 子中微子直到 2000 年才被美国费米实验室的 DONUT 实验发现. τ 子中微子的产生与探测都更加困难. 质子由当时最强大的加速器 Tevatron 加速到 800 GeV, 打在一大块钨上, 产生粲介子 D_s, 它的衰变可以产生一个 τ 子和一个 τ 子反中微子. τ 子再衰变成 τ 子中微子, 穿过 36 m 的屏蔽层到达探测器. 同样, 也只有中微子才能穿透屏蔽层. τ 子中微子在探测器中发生核反应, 生成 τ 子, 从而被探测到. τ 子的寿命非常短, 因此不像 μ 子和电子能在探测器中形成长的径迹, 而是只有 1 mm. 为了探测它, DONUT 不得不采用了一种古老的技术 —— 核乳胶, 其主要成分就是传统相机胶卷上的显影成分溴化银. τ 子衰变成 μ 子或电子, 我们会在探测器中看到, 在 1 mm 的径迹后, 紧跟着一条转折后的长径迹. 这个留在核乳胶上的“转折”是 τ 子的关键特征. DONUT 共观察到 4 个这样的事例, 预期本底只有 0.2 个, 因此确凿地发现了 τ 子中微子.

提出中微子假说后, 通过 26 年的寻找, 人们才首次探测到中微子, 又过了 44 年, 全部三种中微子才被找到. 其主要原因是, 中微子只参与弱相互作用, 与物质的相互作用极其微弱, 是穿透力最强的物质粒子.

这个最显著的特点, 造成了一系列实验上的后果. 第一, 中微子极难被探测到, 被称为“幽灵粒子”或“鬼粒子”. 现代的中微子实验需要采用成千上万吨的材料, 甚至要利用上亿吨的海水、冰、山峰作为捕捉中微子的靶物质. 第二, 由于实验上的困难, 中微子仍然存在大量未解之谜. 第三, 只有中微子能轻松地从天体中心穿透出来, 携带天体内部信息, 因此可以用来研究太阳物理、超新星物理、地球物理等. 第四, 宇宙大爆炸产生了大量的中微子, 它们存留到现在, 携带了宇宙诞生第一秒时的信息, 如果能够探测到它们, 将为我们揭示宇宙最早期的奥秘.

§8.4 中微子是个“左撇子”

1956 年, 李政道和杨振宁提出弱作用中宇称不守恒, 得到了吴健雄的实验验证, 而且发现宇称不对称效应非常大. 在吴健雄的论文尚未提交时, 李政道和杨振宁就迫不及待地提交了一篇论文, 提出了中微子二分量理论, 就是说, 对给定的动量 $\boldsymbol{p}$, 中微子只有一种自旋态, 即平行 (或反平行) 于 $\boldsymbol{p}$, 这样自动地给出了宇称不守恒的原因. 在这个理论中, 中微子波函数只需要 2 个分量, 而不是通常的 4 个, 而中微子的质量必须为 0. 这是因为如果中微子质量不为 0 的话, 那么它的速度必然低于光速, 总可以选取一个跑得更快的参考系, 使它的动量反向, 这样就会出现不止一种自旋态.

中微子二分量理论假设中微子只有一种自旋态, 但并不能预言是平行于动量, 还是反平行于动量. 1958 年, 美国布鲁克海文国家实验室的戈德哈贝尔 (M. Goldhaber)、格罗津斯 (L. Grodzins) 和桑亚 (A. W. Sunyar) 进行了一个设计巧妙的实验, 证实中微子的自旋反平行于动量, 即螺旋度为左手. 中微子很难探测, 更别说它的螺旋度. 他们利用铕 152 的 K 电子俘获过程, 通过测量核退激过程中释放的伽马光子的螺旋度, 确定了中微子的螺旋度. 他们的实验装置非常小巧, 被称为 "最后一个桌面上完成的粒子物理实验".

中微子二分量理论被后来的弱相互作用理论继承. 在粒子物理标准模型中: 中微子质量为 0; 只有左手中微子和左手电子组成的二重态, 没有右手中微子; 弱相互作用中宇称不守恒来源于不存在右手中微子.

1998 年发现中微子振荡, 说明中微子有微小的质量, 也就是说, 右手中微子是存在的, 只不过其分量极其微小, 以至于到现在为止还没有任何可观测效应. 不过, 在标准模型中, 仍然只有左手态参与弱相互作用.

§8.5 中微子是自己的反粒子吗?

中微子另一个独一无二的奇妙之处, 是它有可能是自己的反粒子.

反粒子的概念于 1928 年由狄拉克方程的负能解给出. 1932 年, 安德森在宇宙线中观测到了电子的反粒子 —— 正电子. 事实上, 赵忠尧在 1930 年就看到了正电子信号, 但没能认识到这就是正电子. 大多数反粒子都带有与正粒子相反的电荷, 比如夸克和带电轻子. 中微子是唯一不带电的费米子, 无法通过电荷来定义正反粒子. 1937 年, 意大利年轻的天才科学家马约拉纳 (E. Majorana) (见图 8.1) 利用变分原理推导出了狄拉克方程的另一种形式. 在他的波动方程里, 电中性的费米子可以是它自己的反粒子. 我们把具有这种性质的粒子称为“马约拉纳粒子”. 他特地提到了当时还没有得到验证的中微子.

图 8.1 马约拉纳

当然, 我们知道正反中微子是不一样的. 比如, 电子反中微子可以参与反 β 衰变反应, 产生一个正电子. 而电子中微子不能发生这个反应, 但可以与质子反应, 产生一个电子. 假如中微子是马约拉纳粒子, 是自己的反粒子, 那正反中微子为什么会表现得不一样呢? 因为它们的螺旋度不同. 螺旋度为左手的中微子就是正中微子, 螺旋度为右手的中微子就是反中微子.

迄今为止, 粒子物理世界中还没有发现马约拉纳粒子, 标准模型中所有的费米子都由狄拉克方程描述. 假如中微子是马约拉纳粒子, 将是对标准模型的重大修改.

马约拉纳提出这个理论不久, 美国物理学家弗里 (W. Furry) 就指出, 发生双 β 衰变的原子核可以用来检验中微子是否是马约拉纳粒子. 对发射两个电子和两个中微子的双 β 衰变, 由于中微子是自己的反粒子, 可能存在另一个对应的过程, 中微子只作为中间态出现, 一个顶点发射的反中微子被另一个顶点当成中微子吸收, 末态仅发射两个电子, 这种过程被称为“无中微子双 β 衰变” (见图 8.2). 最早的实验尝试可以追溯到 1948 年, 但实验极为困难, 迄今尚未成功. 由于意义重大, 目前有大量采用不同探测方法、不同核素的实验正在进行或者规划, 也许未来一二十年我们就能给出一个明确的答案.

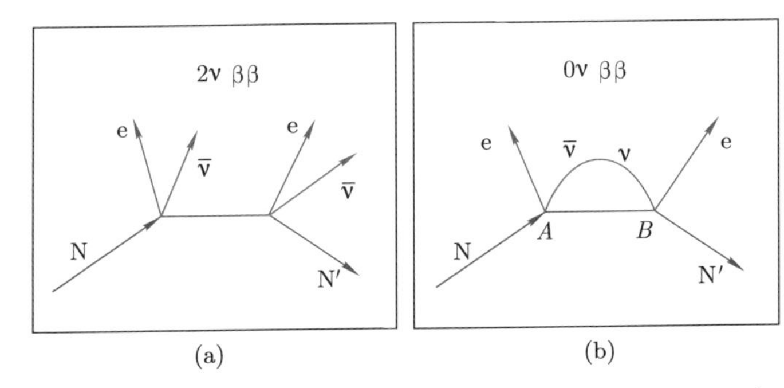

图 8.2 左图: 普通双 β 衰变 (2νββ) 过程; 右图: 无中微子双 β 衰变 (0νββ) 过程

第九章 小幽灵引发大波涛

§9.1 中微子质量与中微子振荡

在标准模型中, 中微子质量为零, 实验上对质量的直接测量也确实没有发现任何它偏离零的现象.

直接测量中微子质量目前主要采用三种办法. 第一种是测量 β 衰变, 中微子有质量将使 β 能谱的端点移动, 目前最佳测量结果是其质量小于 1 eV. 第二种是测量无中微子双 β 衰变, 不同的中微子质量将导致衰变概率不同, 目前还没有成功. 第三种是宇宙学方法, 中微子有质量将改变宇宙大尺度结构的观测预期, 这是目前限制最强的结果, 给出三种中微子质量之和小于 0.23 eV. 未来还可以通过超新星中微子飞行时间的差异测量中微子质量. 无论哪种方法, 现在都没有测到中微子有质量.

不过, 庞蒂科夫、牧二郎 (Z. Maki)、中川昌美 (M. Nakagawa)、坂田昌一 (S. Sakata) (Pontecorvo-Maki-Nakagawa-Sakata) 等人在 20 世纪 50—60 年代提出, 假如中微子有小到难以察觉的质量, 且质量本征态与味道本征态之间存在混合, 就会出现中微子振荡现象, 即一种中微子在飞行中能自发变成其他种类的中微子. 本质上这是一种量子干涉现象. 通过弱相互作用产生的中微子味道本征态 (比如电子中微子), 可看作由不同的质量本征态叠加组成, 是天生的量子相干态. 由于中微子质量极其微小, 在接近光速的长距离飞行中, 不同质量本征态的叠加态能一直保持相干而不退耦, 从而在宏观上表现出振荡现象 (见图 9.1). 反过来说, 中微子振荡是观测中微子质量极其灵敏的方法.

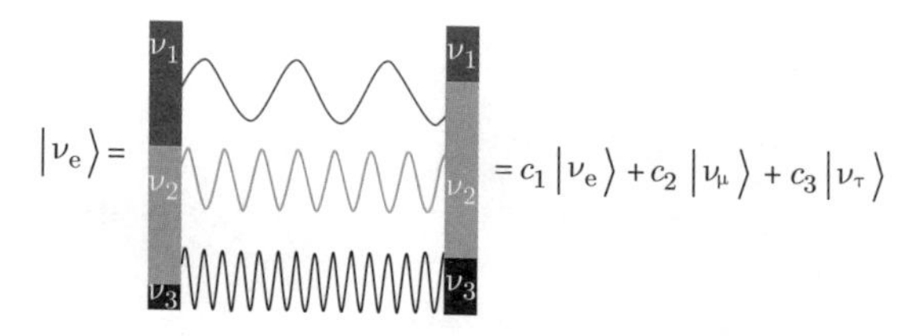

图 9.1 电子中微子可看成 ν_1, ν_2, ν_3 三种质量本征态的量子相干态叠加, 飞行时因三种质量态的振荡相位不同步, 有一定概率变成其他味道的中微子

由于有三种中微子, 按味道态分是电子中微子 (ν_e), μ 子中微子 (ν_μ), τ 子中微子 (ν_τ), 按质量态分的话我们称之为 m_1, m_2, m_3, 它们之间的混合关系可以用一个 3×3 的幺正矩阵 (PMNS 矩阵) 来描述, 共有 6 个独立参数, 其中 4 个与中微子振荡有关, 分别是 3 个混合角 θ_{12}, θ_{23}, θ_{13}, 以及 1 个电荷宇称相位角 δ_{CP}. 振荡的频率则与中微子质量的平方差有关系, 三种中微子可以构成 2 个独立的质量平方差. 因此, 中微子振荡可以用 6 个参数来描述. 在简化的情况下, 假如只有两种中微子参与振荡, 则只有一个混合角 θ 和一个质量平方差 $\Delta m^2 = m_2^2 - m_1^2$, 此时中微子振荡的概率可由图 9.2 表示, 其中 L 是飞行距离, E 是中微子能量, 存活概率 P 表示一个中微子飞行一段距离后仍然是它自己的概率.

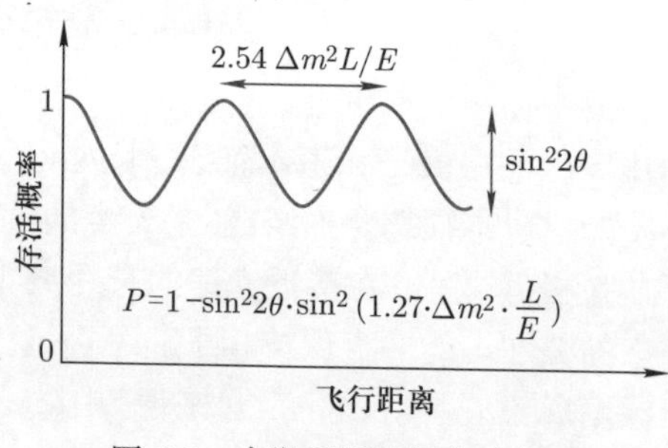

图 9.2 中微子振荡概率示意图

中微子振荡的假说提出后，在三十年内都没有得到实验证实. 一些早期的实验曾声称发现了中微子振荡, 但最后都发现是实验做错了. 1980 年, 莱因斯在他 1956 年发现中微子的地方 —— 萨瓦纳河核电站又做了一个实验. 这次他用重水作为探测反应堆中微子的介质, 并声称看到了中微子振荡的迹象. 1984 年, 法国的 Bugey 实验也声称用反应堆中微子探测到了振荡. 但是, 差不多同时期的法国 ILL 和 Bugey-3, 以及瑞士的 Gosgen 实验否定了这两个实验的结果. 按现在已经清楚的知识, 这些实验实际上不可能看到振荡. 因此, 直到 20 世纪末, 人们普遍认为中微子的质量就是零.

§9.2 发现中微子振荡

中微子振荡的发现过程完全是歪打正着.

20 世纪 70 年代, 日本的小柴昌俊 (M. Koshiba) (见图 9.3 右图) 建议进行神冈实验来寻找质子衰变. 在现有的理论中质子是稳定的, 但若存在更基本的大统一理论, 质子就会衰变. 神冈实验位于岐阜县一个地下 1 km 深的废弃砷矿中, 采用了 3000 t 纯净水和 1000 个光电倍增管. 实验于 1982 年开始建设, 1983 年建成.

神冈实验没有找到质子衰变, 但是发现了一个奇怪的现象. 来自太空的高能宇宙线在地球大气层中会产生大量中微子, 称为大气中微子, 包括电子中微子、μ 子中微子以及它们的反粒子. 质子衰变即使有, 也应该极其稀少, 必须非常干净地去除各种假信号, 因此要准确计算大气中微子的影响. 1988 年, 小柴昌俊的学生梶田隆章 (T. Kajita) 在分析数据时发现, 测到的中微子比预期少, 被称为 "大气中微子反常".

当时人们很自然就想到这是不是中微子振荡. 但大气中微子的产额比较复杂, 有可能计算不准确. 再有用中微子振荡解释大气中微子反常, 需要中微子存在非常大的混合, 与在夸克中发现的小混合很不一样, 理论上难以解释. 因此, 要证实中微子振荡这样与现有理论不符合的现象, 需要更有力的实验证据.

1987 年, 就在小柴昌俊退休前不久, 距地球 16.8 万光年的大麦哲伦星云出现了一次超新星爆发, 天文学上称这颗超新星为 SN1987A. 恒星通过氢核聚变产生能量, 一颗大质量恒星在氢燃料消耗完后, 其内部的铁核会发生塌缩, 变成一颗致密的中子星或者黑洞, 塌缩过程中会发射大量的中微子. 神冈实验观测到了 11 个它发出的中微子, 证实了上述超新星爆发的机制. 超新星在宇宙演化中非常重要, SN1987A 是 400 年来观测到的最明亮的超新星, 也是迄今为止唯一探测到中微子的近距离超新星. 碰巧神冈在此之前不久刚刚升级了其电子学系统, 使之能探测到能量比较低的超新星中微子. 因此神冈能观测到超新星中微子是一种幸运. 小柴昌俊因 "观测到来自宇宙的中微子" 与戴维斯 (见图 9.3 中图) 和贾科尼 (R. Giacconi) (见图 9.3 左图) 共同获得了 2002 年诺贝尔物理学奖.

图 9.3 左图: 贾科尼; 中图: 戴维斯; 右图: 小柴昌俊

因为这个成果, 日本政府同意小柴昌俊建造一个大得多的新探测器 —— 超级神冈. 它于 1991 年开始建造, 1996 年建成, 采用了 50000 t 纯净水和约 13000 个光电倍增管, 比神冈实验大了 20 倍, 是国际中微子研究当之无愧的旗舰 (见图

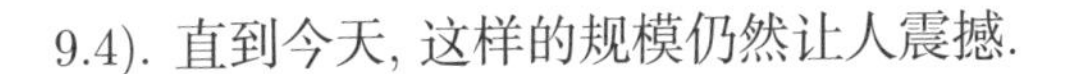
9.4). 直到今天, 这样的规模仍然让人震撼.

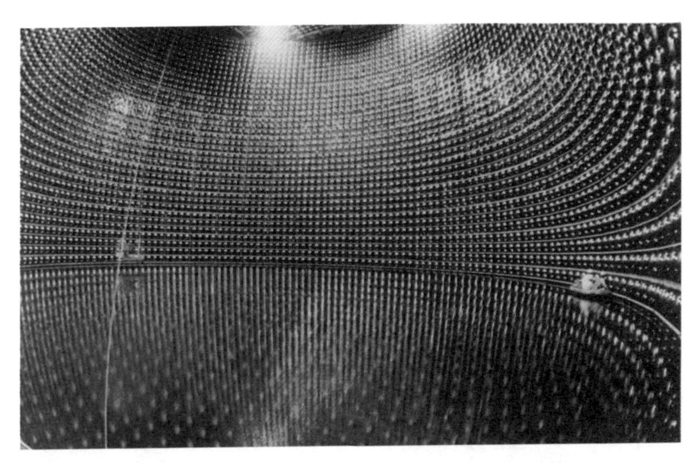

图 9.4 日本超级神冈探测器由 50000 t 纯净水、11129 个 50 cm 光电倍增管、1885 个 20 cm 光电倍增管组成. (取自神冈观测站, 东京大学宇宙线研究所)

1998 年 6 月, 发现 “大气中微子反常” 现象 10 年后, 梶田隆章代表超级神冈在 “国际中微子大会” 上做报告称, 以确凿的证据发现了大气中微子振荡. 超级神冈实验测到了足够多的大气中微子, 显示了它的丢失比例随飞行距离的变化, 而这是中微子振荡的关键特征.

超级神冈的测量结果显示, 从头顶上方进入探测器的 μ 子中微子与理论模型预期的一致, 而从地底下进入探测器的, 即在地球另一端的大气中产生, 穿过了整个地球而来的 μ 子中微子则比预期少得多. 减少的程度与飞行的距离有关. 对电子中微子, 则不管是上方来的还是地底来的, 都和预期一致. 因此, 有足够的证据说明, 电子中微子没有发生振荡, 而 μ 子中微子在飞行过程中变成了其他中微子. 即便不用中微子振荡理论来解释超级神冈观察到的现象, 也能得到 “中微子有质量” 这个惊人的结论, 因为中微子在飞行过程中发生了变化, 而静止质量为零的粒子必定以光速飞行, 根据狭义相对论, 其内禀时钟静止, 是不会随时间发生任何变化的.

因为 "发现中微子振荡现象, 证明中微子有质量", 梶田隆章 (见图 9.5 右图) 和麦克唐纳 (A. McDonald) (见图 9.5 左图) 共同获得了 2015 年诺贝尔物理学奖.

图 9.5 左图: 麦克唐纳; 右图: 梶田隆章

§9.3 太阳中微子失踪之谜

尽管中微子振荡现象由大气中微子实验最先证实, 但更早的迹象却来自太阳中微子失踪之谜.

1920 年, 英国的爱丁顿 (A. S. Eddington) 猜测太阳无穷无尽的能源来自氢核聚变. 1939 年, 贝特提出太阳中的氢核通过质子–质子链和碳氮氧循环两种方式发生聚变, 最终效果是每 4 个质子聚合成一个氦核, 释放出 2 个电子中微子和 26.7 MeV 的能量. 贝特因为 "对核反应理论的贡献, 特别是他关于恒星能量产生的发现", 获得了 1967 年诺贝尔物理学奖.

1968 年, 美国布鲁克海文实验室的戴维斯在一个废旧金矿中观测到了来自太阳的中微子. 他采用了 615 t 四氯乙烯作为探测器. 因为中微子几乎不与物质反应, 亿万个太阳中微子毫发无损地穿过探测器. 但偶尔也有例外, 大约每 4 天会有一个中微子被捕获, 将一个氯原子变成放射性的氩原子. 通过探测氩原子的放射性, 戴维斯探测到了太阳中微子, 证实了爱丁顿和贝特关于太阳能量来自氢核聚变的理论, 因此同探测到超新星中微子的小柴昌俊一起获得了 2002 年诺贝尔物理学奖.

尽管戴维斯如愿找到了太阳中微子, 却发现了一个大问题: 测到的中微子数仅有预期的三分之一. 这被称为 "太阳中微子失踪之谜".

太阳中微子失踪之谜给实验和理论解释都带来了难题, 困扰了科学界 30 多年. 理论上, 中微子振荡难以解释戴维斯发现的三分之二的中微子丢失, 因为太阳很大, 不同地点产生的太阳中微子到探测器的距离不同, 我们看到的应该是平均效果, 即便是最大混合, 中微子最多也只会丢一半. 也有人怀疑太阳模型不对, 导致预期的中微子数计算不正确. 而由于中微子难以探测, 实验非常困难. 戴维斯日复一日地重复着这个实验, 从 20 世纪 70 年代到 90 年代, 做了整整 30 年. 在这期间, 不同的实验通过镓俘获、在水中散射等多种方法, 证实太阳中微子确实大部分丢失了, 但不同实验得到的丢失程度却不同, 难以用同一个理论解释.

为了解决 "太阳中微子丢失之谜", 1985 年加州大学尔湾分校的华人物理学家陈华生提出了一个巧妙的方法, 用重水同时探测三种中微子, 这样就可以知道太阳中微子是真的丢了, 还是通过振荡变成了其他中微子. 以前的实验都只能探测一种中微子. 加拿大萨德伯里中微子观测站 (Sudbury Neutrino Observatory, SNO) 采用了陈华生建议的方法. 该实验位于萨德伯里地下 2 km 深的一处废弃镍矿中, 直径 30 m 的地下探测器大厅内安放有直径 12 m 的有机玻璃球形探测器, 探测器内装有 1000 t 的重水, 并安装 1 万个光电倍增管作为光信号探测单元. 实验从 1990 年动工建设, 1999 年 5 月建成并开始运行.

中微子在重水中可以有三种不同的反应: 带电流、中性流、弹性散射过程. 带电流只对电子中微子敏感, 中性流对三种中微子同等敏感, 而弹性散射对三种中微子都敏感, 但电子中微子的反应截面是另外两种中微子的 6 倍. 2001 年, SNO 发现太阳中微子中的电子中微子确实丢失了, 与超级神冈实验探测到的太阳中微子结果相结合, 基本证实太阳中微子转变成了其他种类的中微子. 2002 年, SNO 测得了全部三种中微子的流强, 发现尽管电子中微子少了, 但总流强却与预期的电子中微子流强一致, 给出了太阳中微子振荡的确凿证据. SNO 实验的领导者麦克唐纳与梶田隆章共同获得了 2015 年诺贝尔物理学奖.

理论上也有了重大的突破. 美国物理学家沃芬斯坦 (L. Wolfenstein) 注意到电子中微子在物质中会受到电子的散射, 将改变中微子的振荡效应. 后来苏联的米赫耶夫 (S. P. Mikheyev) 和斯米尔诺夫 (A. Y. Smirnov) 将这个想法用于解释太阳中微子问题, 提出中微子在物质中传播时会存在物质效应 (称为 MSW 效应). 人们才意识到, 以前认为中微子在从太阳飞到地球的过程中发生振荡的看法是完全错误的. 对能量比较高的中微子, 振荡发生在太阳内, 表现为绝热味转换过程, 飞出太阳后就不再振荡了, 这样振荡概率就可以超过一半. 而能量比较低的太阳中微子物质效应比较小, 飞离太阳后还可以发生振荡. 这样可以精确地解释为何不同实验看到不同的结果, 因为它们测量的中微子能量范围不同.

2002 年, 铃木厚人 (A. Suzuki) 领导的 KamLAND 实验通过探测日本和韩国几十个反应堆发出的中微子, 首次发现了反应堆中微子的消失现象, 其消失的幅度与太阳中微子测量结果一致. 与此同时, 西川公一郎 (K. Nishikawa) 领导的 K2K 实验, 使用超级神冈作为远端探测器, 测量 250 km 外日本高能所 (KEK) 加速器产生的中微子, 首次观测到了加速器中微子振荡现象, 其振荡行为与大气中微子振荡一致. 这样,太阳和大气中微子振荡现象分别得到了反应堆和加速器等人工中微子源的验证.

§9.4 大亚湾发现第三种振荡

2003 年左右, 中微子振荡现象得到实验确立. 中微子振荡由 6 个参数描述, 太阳中微子振荡确定了其中的一组参数 $\sin^2 2\theta_{12} \approx 0.86$ 和 $\Delta m^2_{21} \approx 7.5 \times 10^{-5}$ eV^2, 大气中微子振荡确定了另一组参数 $\sin^2 2\theta_{23} \approx 1$ 和 $|\Delta m^2_{32}| \approx 2.5 \times 10^{-3}$ eV^2, 还有混合角 θ_{13} 和 CP 破坏相角 δ 未知. 因此, 寻找与混合角 θ_{13} 相关的第三种振荡模式成为研究的焦点. 以前的近距离反应堆实验, 法国的 CHOOZ 和美国的 Palo Verde, 都未能发现该振荡, 因此这个混合角肯定远小于另外两个. 国际上先后提出八个反应堆中微子实验, 以及多个加速器中微子实验的规划, 最终包括中国的大亚湾、韩国的 RENO 以及法国的 Double Chooz 等三个反应堆中微子实验, 以及日本的 T2K 和美国的 NOvA 两个加速器中微子实验进入了实验建设阶段.

大亚湾反应堆中微子实验坐落在我国广东省深圳市的大亚湾核电站内 (见图 9.6), 于 2007 年开始建设, 2011 年底投入运行. 实验采用 8 个相同的 110 t 重的掺钆液体闪烁体探测器, 浸泡在大型水池中以阻挡天然放射性本底. 八个探测器分布在距离大亚湾 6 个反应堆 360 m 到 1900 m 范围内的 3 个地下实验厅内. 实验厅都位于山腹内以阻挡宇宙线, 之间由总长 3 km 的隧道相连. 通过远点实验站和两个近点实验站的相对比较, 可以高精度地测量出中微子是否随飞行距离发生变化.

2011 年 6 月和 9 月, 先期开始运行的加速器实验 T2K 和反应堆实验 Double Chooz 分别给出了 θ_{13} 不为零的迹象, 置信度分别为 2.5 倍和 1.8 倍标准差. 不过由于精度限制, 没

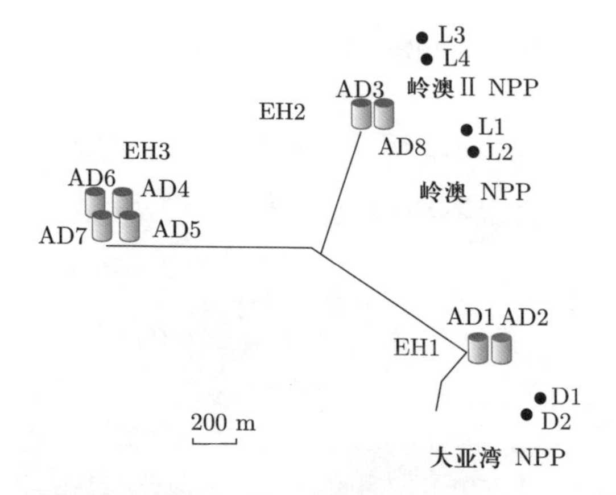

图 9.6　大亚湾中微子实验. 上图中 D1, D2, L1 ~ 4 表示大亚湾核电站和岭澳核电站的 6 个反应堆, EH1 ~ 3 表示 3 个地下实验厅, AD1 ~ 8 表示 8 个中微子探测器. 近点实验厅 EH1 和 EH2 内各有 2 个中微子探测器, 远点实验厅 EH3 内有 4 个. 下图为远点实验厅内的 4 个中微子探测器浸泡在水池中的照片

有达到科学上作为可信证据需要的 3 倍标准差. 2012 年 3 月, 大亚湾实验在激烈的国际竞争中以超过 5 倍标准差的置

信水平率先发现第三种振荡模式的存在, 并精确测量了中微子参数 θ_{13} 的大小, 约为 $8.8°$. 其后该结果得到了反应堆中微子实验 RENO 的证实. 图 9.7 为大亚湾实验的领导者王贻芳和陆锦标.

图 9.7 左图: 王贻芳; 右图: 陆锦标

至此, 在中微子振荡的 6 个参数中, 还有 CP 破坏相角未知. 此外, 大气中微子实验不能确定 Δm_{32}^2 的符号 (即两个质量本征态 m_2 和 m_3 到底谁更重, 称为中微子质量顺序问题), 也不能确定 θ_{23} 位于哪个象限. CP 破坏相角与中微子质量顺序是未来中微子振荡研究的重点. 与最大振幅接近最大值 1 的太阳和大气中微子振荡相比, θ_{13} 振荡的振幅要小得多, $\sin^2 2\theta_{13} \approx 0.09$, 但比早期的猜测值 $0.01 \sim 0.03$ 要大得多. CP 破坏相角与中微子质量顺序的测量都与 θ_{13} 的大小相关, 如果 θ_{13} 太小, 现有实验技术难以完成这一目标. 大亚湾实验测到的 θ_{13} 值较大, 表明用现有实验技术就可以实现对它们的测量. 因此, 大亚湾实验为中微子实验研究下一步的发展指明了方向, 一批下一代的中微子实验开始规划和建设.

大亚湾实验发现 θ_{13} 值较大的另一个重大意义, 在于与宇宙起源相关的物质–反物质不对称性. 解释宇宙正反物质不对称性需要较大的 CP 破坏效应, 将在下一章详述. 描述 CP 破坏效应大小的亚尔斯考格 (Jarlskog) 不变量与三个混合角和 CP 相角 δ 都有关系. 只有 θ_{13} 不为零才有可能产生物质–反物质不对称, 而且 θ_{13} 越大, CP 破坏效应就越大. 因此, 大亚湾实验也为破解 “宇宙反物质消失之谜” 提供了一个光明前景.

§9.5 确定质量顺序与 CP 破坏相角

在标准的中微子振荡理论中, 还有质量顺序和 CP 破坏相角需要测量. 它们不仅影响中微子振荡的大小、引导中微子味结构的更深层理论解释, 质量顺序还决定了无中微子双 β 衰变实验的前景, 而 CP 破坏相角的大小则是宇宙起源与演化必须解决的关键问题. 对中微子混合参数的更精确测量也能用来研究是否存在尚未发现的新中微子, 窥探新物理.

大亚湾实验发现 θ_{13} 值远大于预期, 表明用现有技术就可以测量质量顺序和 CP 破坏, 多个新的中微子实验已被批准或正在申请, 包括中国的江门中微子实验 (JUNO)、美国 DUNE、日本的顶级神冈 (Hyper-K)、印度的 INO、美国在南极的 PINGU、法国在地中海的 ORCA 等.

江门中微子实验位于广东省江门市所辖的开平市, 距阳江和台山核电站各 53 km (见图 9.8), 以 20000 t 液体闪烁体作为中微子探测介质, 实验厅位于地下 700 m 深处. 20000 t 液体闪烁体装在一个直径为 35.4 m 的有机玻璃容器中, 有机玻璃容器由一个球形不锈钢骨架支撑, 如图 9.9 所示. 18000 个直径 50 cm 的光电倍增管和 25000 个直径 8 cm 的小光电倍增管安装在不锈钢骨架上, 浸泡在 37000 t 超纯水中. 水池的直径为 43.5 m, 高 44 m. 江门中微子实验 2013 年正式批准立项, 2015 年开始建设, 预计 2022 年建成开始运行. 通过精确测量反应堆中微子能谱的变形, 该实验将在 6 年内确定质量顺序到 $3 \sim 4$ 倍标准差的水平, 也将以好于 1% 的精度测量多个中微子振荡参数, 探测超新星中微子、地球中微子、太阳中微子、大气中微子等.

图 9.8 江门中微子实验探测来自阳江核电站和台山核电站的反应堆中微子

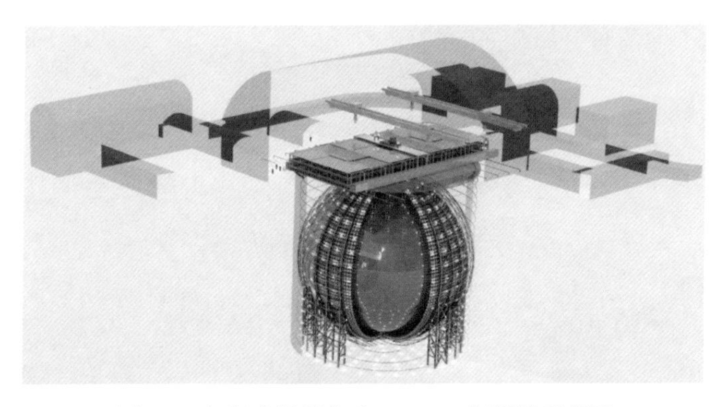

图 9.9 江门中微子实验 20000 t 探测器示意图

大气中微子可以用来确定质量顺序. 南极洲 “冰立方” 实验体积约为 1 km^3, 约 10^9 t, 可以探测到大气中微子, 但能量阈值太高, 不能探测对质量顺序最灵敏的 7 GeV 左右的 μ 子中微子. 因此, 美国计划在 “冰立方” 的中心重新建一个光电倍增管更密集, 能探测到更多光子, 因而能量阈值更低的实验, 叫 PINGU, 其有效质量约 $10^6 \sim 10^7$ t. 类似的实验还有法国在地中海的 ORCA 实验, 实验方法和灵敏度都与

PINGU 相似.

继超级神冈之后, 日本计划在原址旁新建顶级神冈实验, 也采用纯净水, 质量从 50000 t 提升到 260000 t, 计划 2027 年建成. 它可以通过大气中微子测量中微子质量顺序, 也可以探测来自 295 km 外日本散裂中微子源 (J-Parc) 的加速器中微子束流, 测量 CP 破坏.

美国的 DUNE 实验计划 2026 年建成, 采用 40000 t 液氩作为中微子探测的靶材料. 它将测量 1300 km 外费米实验室的加速器产生的中微子, 从而可以对中微子质量顺序和 CP 破坏现象做出高精度测量. 与日本顶级神冈相比, DUNE 实验由于中微子在地下飞行的时间更长, 能量更高, 物质效应更大, 对质量顺序更加灵敏, 但其对 CP 破坏的测量略差.

通过这些新的实验, 预期未来 10 到 20 年, 我们将对中微子振荡有更加全面的理解.

第十章　宇宙物质成分疑难

§10.1　宇宙大爆炸

1998 年以来, 宇宙学得到飞速发展, 正在步入精确宇宙学时代. 人们获得了大量的精确观测数据和可靠结论, 有一些颠覆了以往的认知, 但同时中间也夹杂着很多模型猜测与未解之谜. 特别是现代宇宙学的标准理论模型 —— 热大爆炸宇宙学的确立, 将粒子物理与宇宙学紧密联系在一起, 现代宇宙学也因此常被称为 “粒子宇宙学”.

宇宙诞生于约 138 亿年前的一次大爆炸. 在宇宙诞生后 10^{-36} s 左右, 可能在希格斯标量场的推动下发生过一次 “暴胀”, 每过 10^{-36} s 宇宙便膨胀一倍, 到 $10^{-33} \sim 10^{-32}$ s 左右退出, 瞬息之间宇宙便膨胀了 10^{80} 倍, 相当于一个原子膨胀成一个太阳系 (见图 10.1). 暴胀期间宇宙的温度下降了 10 万倍.

暴胀结束后, 充斥整个空间的希格斯标量场的能量转化为物质, 宇宙重新变得炽热, 成为一锅充满各种物质和辐射的粒子汤, 这个过程称为 “再加热”, 一直延续到第 10^{-12} s. 随着温度降低, 能标降到 100 GeV, 发生了一次电弱相变, 高能下统一的电磁力和弱力分离成两种不同的力, 重子开始形成. 一般相信, 宇宙正反物质的不对称在此期间产生, 但其机制迄今仍不清楚. 大约 1 s 的时候, 中微子从粒子汤内不断的碰撞中率先解耦出来, 质子和中子的比例由平衡变成 3:1.

原初核合成从第 3 min 开始, 中子与质子结合成简单的原子核, 但只持续到第 20 min, 便因温度变得太低而停止. 宇宙的元素丰度基本固定下来, 大约为 75%的氢、25%的

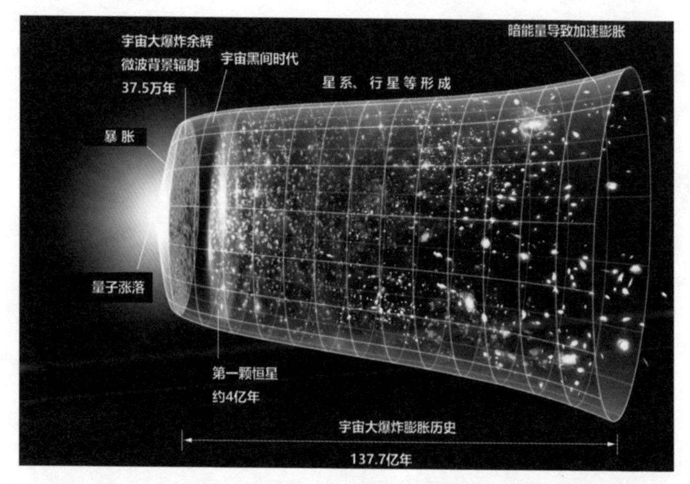

图 10.1 宇宙从大爆炸、暴胀、减速膨胀, 到今天加速膨胀的演化历史

氦、0.01%的氘, 以及微量的锂. 今天元素周期表中的其他元素则需要通过恒星燃烧、超新星爆发、中子星并合等过程, 在未来的亿万年间慢慢合成, 而且只占宇宙中物质的微不足道的一小部分.

宇宙在大爆炸后 38 万年, 温度降低到 3000 K, 在此之前宇宙仍然是一锅等离子汤, 电子、光子在其中不停散射. 随着温度降低, 电子与质子结合成中性氢原子, 光子终于能够逃逸出来, 宇宙变得透明. 这个时刻被称为 "最后的散射面". 此时光子是红外光子. 138 亿年后的今天, 宇宙温度降低到 3 K, 光子随宇宙膨胀能量降低, 进入了微波频段, 称为 "微波背景辐射"(CMB).

在宇宙膨胀过程中, 原初密度涨落形成了今天能观测到的宇宙大尺度结构, 宏观物质在暗物质的作用下凝聚成团, 在 4 亿年后形成第一代恒星, 10 亿年后形成最初的星系和类星体, 接着是星系团和超新星团, 并逐步演化到现在, 可观测宇宙的半径膨胀为 460 亿光年. 可观测宇宙的半径大于光在宇宙年龄内走的最大距离 (138 亿光年), 是因为宇宙空间膨胀过程并不受物体运动速度最高为光速的限制.

直观上, 在引力的作用下, 宇宙膨胀的速度应该是随时间减小的. 然而, 1998 年珀尔马特 (S. Perlmutter) (见图 10.2 左图)、施密特 (B. Schmidt) (见图 10.2 中图) 与里斯 (A. G. Riess) (见图 10.2 右图) 通过观测 Ia 型超新星, 发现宇宙的膨胀速度正在加快, 这说明宇宙中隐藏着一种未知的力, 正在推动宇宙的膨胀, 而且与普通物质的性质完全不同, 这种力具有负的压强, 被称为 "暗能量". 宇宙膨胀从大爆炸起经历了加速、减速、再次加速的过程. 2011 年, 上述 3 位科学家被授予诺贝尔物理学奖.

在上述过程中, 有些我们有确凿的证据, 例如元素丰度和宇宙微波背景辐射, 并据此建立了标准宇宙学模型, 有些则来自理论猜想.

图 10.2 左图: 珀尔马特; 中图: 施密特; 右图: 里斯

宇宙大爆炸的假说在 1932 年由比利时天文学家勒梅特 (G. Lemaitre) 首次提出. 20 世纪 40 年代, 出生于苏联, 后于 1934 年移居美国的伽莫夫 (G. Gamow) 将相对论引入宇宙学, 提出了热大爆炸宇宙学. 他和他的学生阿尔菲 (R. Alpher) 提出了大爆炸中元素合成的理论. 生性幽默的伽莫夫说服了本来对工作没有贡献的贝特 (即前文中提出太阳核聚变模型的贝特) 署名, 这样三人的名字谐音恰好凑成希腊字母的前三个: α, β, γ, 并在 1948 年 4 月 1 日愚人节这天发表了这篇论文. 于是这份标志宇宙大爆炸核合成理论 (BBN) 提出的论文也被称为 "αβγ 论文". 该理论预言的元素比例得到了观测数据的验证.

同年, 阿尔菲和伽莫夫的另一个学生赫尔曼 (R. Herman) 还预言了宇宙微波背景辐射 (CMB), 不过未引起注意. 1964 年, 两位年轻的射电天文学家彭齐亚斯 (A. Penzias) 和威尔逊 (R. Wilson) 无意间发现了来自深空的各相同性的辐射, 证实了他们的预言, 并因此获得了 1978 年诺贝尔物理学奖. 与彭齐亚斯和威尔逊误打误撞不同, 迪克 (R. Dicke) 和他的学生皮布尔斯 (P. Peebles) (见图 10.3 左图) 重新推导出了宇宙微波背景辐射的预言, 并开始建造探测器以寻找, 但不幸被彭齐亚斯和威尔逊抢了先. 皮布尔斯后来利用核合成理论解释了宇宙中的氦元素丰度, 并为大爆炸模型做出了许多其他重要贡献. 2019 年, 皮布尔斯因 "对于物理宇宙学方面的理论发现" 与马约尔 (M. Mayor) (见图 10.3 中图) 和奎洛兹 (D. Queloz) (见图 10.3 右图) 一起被授予诺贝尔物理学奖.

图 10.3 左图: 皮布尔斯; 中图: 马约尔; 右图: 奎洛兹

宇宙微波背景辐射是认识宇宙的最重要的窗口. 分别于 1989 年、2001 年、2009 年发射的美国宇航局的 COBE 卫星、WMAP 卫星, 以及欧洲空间局的普朗克 (Planck) 卫星这三代卫星, 越来越精确地测量了宇宙微波背景辐射, 带领宇

宙学走向 "精确宇宙学" 时代. 2006 年, 领导 COBE 的两位科学家斯穆特 (G. F. Smoot) (见图 10.4 左图) 和马瑟 (J. C. Mather) (见图 10.4 右图) 获得诺贝尔物理学奖. 普朗克卫星则给出了目前最精确的宇宙学数据: 宇宙的年龄约为 138 亿年; 宇宙中普通物质约占 4.9%, 暗物质约占 26.8%, 暗能量约占 68.3%. 这三颗卫星观测到的宇宙微波背景辐射精度见图 10.5.

图 10.4　左图: 斯穆特; 右图: 马瑟

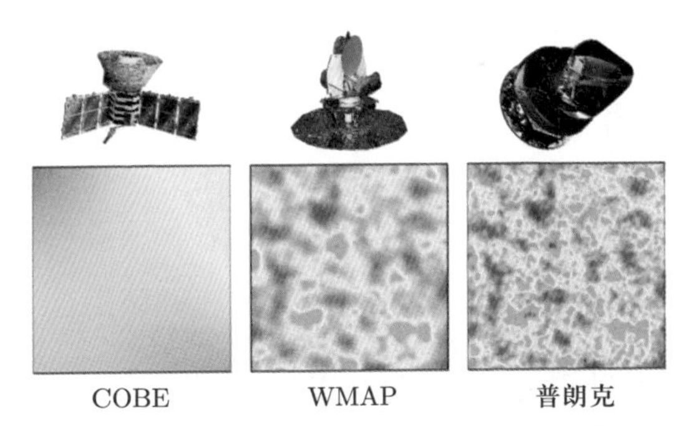

图 10.5　COBE, WMAP, 普朗克三代卫星观测到的宇宙微波背景辐射精度 (取自 NASA)

关于宇宙的形成过程, 仍有不少理论未得到证实, 并存在多种假说, 例如暴胀过程是否真的发生过, 宇宙是否并不是自奇点产生, 而是来自反弹等问题尚有争议. 从粒子物理

学的角度, 最重大的几个问题包括:

- 暗能量是什么?
- 暗物质是什么?
- 宇宙的物质不对称性是怎么发生的?

§10.2 暗物质与暗能量

宇宙学的数据需要暗物质和暗能量才能解释, 但它们并不包括在粒子物理标准模型中. 标准模型仅能解释占宇宙 5% 的普通物质.

暗物质存在的所有证据都来自天文和宇宙学观测中的引力效应, 包括星系旋转的速度、引力透镜、子弹星系、微波背景辐射、宇宙大尺度结构等. 早在 19 世纪末, 开尔文就发现星体围绕银河系中心的旋转速度与预期不符, 猜测应该存在很多看不见的天体. 20 世纪 30 年代, 瑞士天文学家茨维基 (F. Zwicky) 发现, 在星系团中, 看得见的星系只占总质量的 1/400. 由于当时数据不准确, 茨维基的结论偏大了几十倍. 到了 20 世纪 70 年代末, 伽莫夫的学生鲁宾 (V. Rubin) 与福特 (K. Ford) 用光谱仪精确测量了上百个星系边缘的旋转速度曲线, 发现暗物质至少是可见物质的 6 倍, 一个例子见图 10.6. 暗物质分布在整个星系中, 形成暗物质晕. 至此, 暗物质的存在被广泛接受.

由于暗物质存在的证据仅来自引力效应, 因此一直有人企图通过修改引力理论而不是添加暗物质来解释这些现象, 也获得了一些成功. 但子弹星系的发现提供了暗物质存在的最佳证据. 子弹星系是指两个发生碰撞的星系, 刚刚贯穿而过时, 其可见物质的分布形似子弹. 除了采用 X 射线观测两个星系的星际气体云分布, 还可以通过引力透镜效应观测两个星系的引力物质分布. 观测发现, 它们的引力物质分布与可见物质分布并不重合, 证明存在大量暗物质, 且位于可见

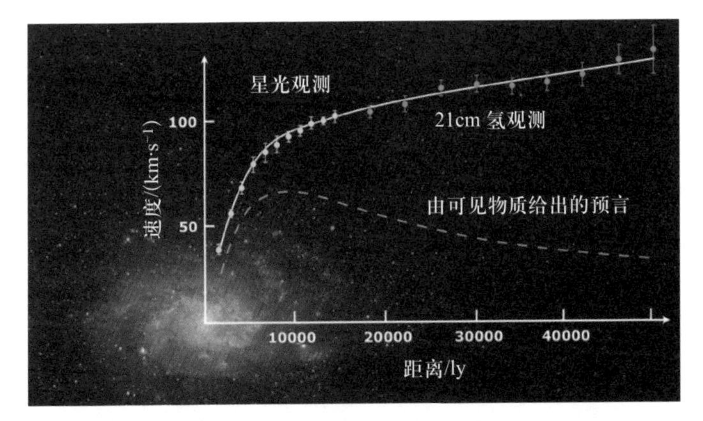

图 10.6 三角座星系 (螺旋星系) 的旋转曲线 (黄色与蓝色数据点) 与由可见物质分布给出的预言 (虚线) (取自莱奥 (M. D. Leo))

物质的前方, 如图 10.7 所示. 此外, 微波背景辐射也提供了不能通过修改引力来解释的证据.

图 10.7 子弹星系, 红色表示 X 射线观测到的星际气体云分布, 蓝色表示通过引力透镜效应观测到的引力物质分布

暗物质是由什么组成的? 它们的相互作用性质是什么? 迄今我们几乎没有线索. 中微子曾经被当成暗物质的候选者, 后来发现中微子速度太快, 不可能使早期的密度涨落发展成星系. 中微子质量越大, 今天看到的宇宙大尺度结构反而会越弥散. 通过这一点, 从宇宙学观测结果给出了中微子质量的上限. 因此, 中微子充其量只会贡献暗物质的一小部分, 它们对宇宙能量密度的贡献约为 $0.003 \sim 0.15$, 称为"热暗物质".

一般认为, 暗物质在宇宙早期应该是非相对论性的, 其速度远小于光速, 称为"冷暗物质" (cold dark matter). 宇宙学的标准理论模型因此也称为 ΛCDM 模型, 其中 Λ 表示与暗能量相关的宇宙学常数 Ω_Λ, CDM 表示冷暗物质.

寻找暗物质粒子是今天粒子物理与宇宙学最重要的前沿之一. 比较有吸引力的主要有两大类候选者: 弱作用大质量粒子 (weakly interacting massive particle, WIMP) 和轴子 (axion).

暗物质弥漫在整个星系中, 因此地球也在暗物质晕中穿行. 直接探测实验大部分没有探测到任何的暗物质信号, 从而给暗物质与普通物质的作用强度加上了限制. 间接探测实验主要是通过探测暗物质自湮灭或衰变的产物来研究暗物质的本质. 假如暗物质粒子是质量很重、参与弱相互作用的 WIMP 粒子, 它有可能会偶尔撞上原子核. 测量原子核的反冲, 就有可能捕捉到 WIMP 粒子的踪迹. 已有许多这样的实验在开展研究. 暗物质直接探测实验有苛刻的要求: (1) 宇宙线会在环境中产生中子, 中子与探测器内的原子核碰撞, 产生的信号与暗物质无法区分, 因此实验必须在深地实验室进行, 利用 1 km 以上厚度的岩石将宇宙线吸收掉. (2) 探测器必须能探测到极低能量的响应, 因为核反冲信号非常微弱. (3) 探测器材料的天然放射性本底必须非常低, 防止形成假信号, 几乎所有探测器材料都需要特制. 此外探测器外面也需要非常好的屏蔽层阻挡外界的天然放射性. 常见的探测器包括液氩、液氙、高纯锗、晶体等, 通过光、电离、声子等手段进行探测.

三十年来, 已经有数十个实验报告了 WIMP 直接探测结果, 实验的灵敏度提高了 100 万倍, 但仍然没有确凿的证据找到暗物质. 早期有个别实验, 包括意大利格兰沙索实验室的 DAMA 和美国的 CoGeNT 实验, 声称观测到了年度调制信号, 但其对应的参数空间 (暗物质粒子质量、反应截面) 被其他更准确的实验所否定. 未来实验将采用更大、性能更好的探测器继续寻找.

轴子是另一个重要的暗物质候选者. 1977 年, 佩切伊 (R. Peccei) 和奎因 (H. Quinn) 提出了一种以他俩命名的佩切伊–奎因对称性, 以解释强相互作用中为什么不存在 CP 破坏效应. 后来, 温伯格和维尔切克指出, 这将导致存在一个新粒子, 并称之为轴子. 人们意识到, 尽管其质量非常非常轻, 但轴子如果真的存在, 可能就是我们要找的暗物质粒子. 能一举解决完全不同的两个理论问题, 轴子显得很有吸引力. 此外, 弦理论也预言了轴子.

轴子的存在将修改麦克斯韦方程组. 它可以在强电磁场环境下转换成光子. 由于它的质量非常轻, 衰变产生的光子频率在微波范围. 探测轴子可以采用加速器发展出来的技术 —— 超导高频腔. 如超导高频腔的频率与轴子衰变产生的光子频率一致, 就会发生共振, 极大地提升探测效率. 不过, 每个高频腔有其固有的频率. 只能扫描一个很窄的轴子质量范围, 可变动的范围不超过正负 10%. 而轴子的质量没有好的理论预言, 如同大海捞针. 如果想覆盖 3 个数量级 (理论上比较倾向的范围), 则需要造 38 个不同频率的超导高频腔. 目前美国 ADMX 实验和韩国 CAPP 研究所正在进行探索, 在某些频率上达到了 KSVZ 理论预言的灵敏度, 另一类 DFSZ 模型则要求更高的灵敏度. 除了直接寻找作为宇宙暗物质存在的轴子, 德国 DESY 实验室设想用超导高频腔产生轴子, 然后穿过屏蔽墙, 再用另一个超导高频腔进行探测. 也有人用 WIMP 暗物质探测器寻找太阳中的轴子衰变.

除了直接探测, 丁肇中领导的国际空间站上的 AMS-02 实验和我国的悟空暗物质卫星也通过探测宇宙线中的正电子来间接寻找暗物质. 如果存在暗物质, 它们湮灭产生的正电子会比没有暗物质的情况多出来一部分. 目前的观测结果表明, 正电子确实有超出, 不过需要确定多出来的正电子不是其他天体来源产生的, 才能归因于暗物质. 暗物质粒子在恒星中心或星系中心会被引力俘获而聚集, 湮灭产生的中微子可以不受阻碍地穿出来, 大规模的中微子探测器也可能探测到暗物质产生的中微子信号, 从而间接探测到暗物质.

相较于暗物质, 暗能量更加难以捉摸. 爱因斯坦提出广义相对论后, 发现宇宙不可能保持稳定不变, 不是膨胀就是收缩回一点, 因此人为地添加了一项 “宇宙常数”, 使宇宙能够稳定. 不久后, 美国著名天文学家哈勃 (E. Hubble) 发现宇宙在不断膨胀, 这与没有宇宙常数的广义相对论解符合得很好. 爱因斯坦因此认为宇宙常数是画蛇添足, 说 “引入宇宙常数是我这一生所犯的最大错误”. 然而, 1998 年珀尔马特、施密特、里斯等通过观测 Ia 型超新星, 发现宇宙的膨胀正在加速! 在天文观测中, 确定星体的距离是件很困难的事. 哈勃当时采用 “造父变星” 的光变周期与光度成比例的特点, 巧妙地确定了距离, 发现宇宙正在膨胀. 而 Ia 型超新星不管它的前身星 (白矮星) 质量是多少, 通过吸积物质, 达到 1.44 倍太阳质量 (钱德拉塞卡 (Chandrasekhar) 极限) 后就会爆发, 不仅光度确定, 且由于亮度远大于造父变星, 可以观测到更大的宇宙空间, 得到更准确的数据. 观测结果说明, 宇宙不仅在膨胀, 而且在加速膨胀, 颠覆了宇宙应该在引力作用下减速的观念. 同时, 宇宙年轻时的超新星 (也就是现在观测到的红移很大的超新星) 数据也说明宇宙早期经历了一个减速过程.

宇宙早期的减速和现在的加速膨胀, 必须由宇宙常数才能解释, 这个对应着宇宙常数的能量也被称为 "暗能量".

暗能量占据了宇宙总能量的 68%, 但对其本质我们却知之甚少. 理论上猜测它可能是量子场论中的真空能, 或者是一种标量场. 真空能是充斥整个宇宙空间的均匀常数, 而标量场则可以随空间和时间变化, 但由于我们观测到的宇宙几乎是平坦的, 这种变化太缓慢, 以至难以与常数真空能区分. 在粒子物理理论的预言中, 通常真空能的数值都非常大, 比测出的暗能量密度多出 120 个数量级, 这也是粒子物理理论的一个困难. 不过一般认为常数暗能量难以解释宇宙学观测结果. 而标量场则有不同的模型, 主要包括 2019 年诺贝尔物理学奖得主皮布尔斯提出的精质 (quintessence) 模型、美国科学家卡德韦尔 (R. Caldwell) 提出的幽灵 (phantom) 模型, 以及中国科学家张新民等人提出的精灵 (quintom) 模型. 这些模型预言的宇宙演化中的暗能量状态方程不同, 只有通过观测实验才能判断哪一种理论模型是正确的, 从而为进一步探寻暗能量的本质提供线索.

目前对暗能量本质的认识还远远不够, 因为我们刚刚步入精确宇宙学时代, 需要积累大量数据. 目前相关数据主要有三个来源: 卫星实验观测宇宙微波背景辐射、地面观测宇宙微波背景辐射、宇宙大尺度结构巡天观测. 早期的卫星实验以及 COBE, WMAP, 普朗克三代卫星已经做出了令人震撼的发现, 其中普朗克卫星在轨观测时间为 2009—2013 年. 下一代卫星仍在规划中, 包括日本 LiteBIRD、欧洲 CORE、美国 PICO. 建设中的地面宇宙微波背景辐射观测实验包括美国 CMB-S4, 智利西蒙斯天文台和中国阿里原初引力波观测站. 宇宙大尺度结构巡天观测主要是美国的斯隆数字化巡天 (Sloan Digital Sky Survey, SDSS) 项目. SDSS 于 2000 年开始正式观测, 使用一架口径 2.5 m 的光学望远镜和大视场 CCD 相机, 观测范围达上百亿光年, 包括 5000 万个星系、100

万颗类星体和 8000 万颗恒星, 通过光谱巡天来确定宇宙的大尺度结构.

发生在宇宙诞生第 $10^{-36} \sim 10^{-32}$ s 的暴胀会产生原初引力波, 并在 38 万年后形成的宇宙微波背景辐射中留下痕迹, 产生特有的 B 模极化. 2014 年 3 月美国科学家宣布, 通过在南极的 BICEP2 望远镜, 探测到了宇宙微波背景辐射的 B 模极化, 从而发现了宇宙暴胀的直接证据, 轰动了科学界. 不幸的是, 不久之后这个结果就被普朗克卫星数据所否定, 证明 BICEP2 的结果是来自银河系中尘埃的影响. BICEP2 没有探测到 B 模极化, 并不能说明它不存在, 新一代的地面和卫星微波背景辐射项目将继续寻找原初引力波. 除了南极, 地球上还有几个高原拥有晴朗而干燥的天空, 适合进行微波背景辐射探测, 包括智利阿塔卡马沙漠、格陵兰岛、我国西藏阿里. 2014 年, 中国科学院高能物理研究所提出在海拔 5250 m 的阿里建立阿里原初引力波探测计划 (AliCPT) (见图 10.8), 目前正在建设中, 不久将开始探测.

图 10.8 阿里原初引力波观测站

§10.3 宇宙反物质消失之谜

1933 年, 最先在理论上预言存在反物质粒子的狄拉克在他的诺贝尔奖演讲中提到: “宇宙中很有可能存在一些恒星, 它们由含有正电子和反质子的反氢原子构成, 其数量可能与通常的恒星一样多.” 然而, 迄今我们并没有发现反物质在宇宙中大量存在的迹象, 宇宙似乎被正物质所主导, 只是在高能过程中产生微不足道的一些反物质粒子.

在大爆炸理论中, 宇宙在早期经历了一个暴胀阶段. 暴胀解决了经典宇宙学中的平坦性问题、均匀性问题, 但同时宇宙的剧烈膨胀使得原始的重子数密度趋近于零. 在暴胀宇宙学中, 物质在暴胀后的再加热过程中产生, 能量转化为物质, 正反物质粒子成对产生, 应该是一样多的. 但现在我们的宇宙几乎找不到反物质的踪影, 这被称为 “反物质消失之谜”, 是宇宙学必须解决的关键问题之一.

1967 年, “苏联氢弹之父” 萨哈罗夫 (A. Sakharov) 提出了形成宇宙物质与反物质不对称的三个条件: 存在重子数不守恒的过程、电荷 (C) 对称性和电荷–宇称 (CP) 对称性被破坏、偏离热平衡. 原则上, 萨哈洛夫三条件在粒子物理标准模型中都可以得到满足. 电弱量子场的量子反常效应 (sphaleron) 可以破坏重子数守恒. 弱相互作用破坏电荷对称性, 也能破坏电荷–宇称对称性. 宇宙早期发生的电弱相变提供了偏离热平衡的条件. 不过具体的发生机制还不十分清楚, 而且定量分析也表明, 标准模型预言的重子–反重子不对称的数值太小, 不足以解释宇宙的物质–反物质不对称. 因此人们提出了很多超出标准模型的理论.

在量子场论中, 电荷–宇称–时间 (CPT) 联合对称性是严格成立的. 李政道和杨振宁发现弱相互作用中宇称不守恒, 而且是最大破坏. 不过绝大多数过程的电荷–宇称联合对称性是守恒的. 在存在三代夸克的情况下, 会存在 CP 不守恒的情况. 美国和日本因此建造了 BaBar 和 Belle 实验, 精确测量了夸克中的 CP 不守恒情况, 结果发现该效应非常小, 与解释宇宙物质–反物质不对称性所需要的 CP 破坏效应相比, 差了 100 万倍. 中微子振荡现象的发现带来了新的希望. CP 破坏效应的大小与三个混合角以及 CP 破坏相角都有关系. 在标准模型中, 夸克的三个混合角都非常小, 因此总的 CP 破坏效应也很小. 而超级神冈的大气中微子振荡、萨德伯里实验的太阳中微子振荡、大亚湾的反应堆中微子振荡分别测出了中微子的三个混合角, 都远远大于夸克中的混合. 这样, 假如中微子的 CP 破坏相角也比较大, 就可以产生大的轻子–反轻子不对称. 这个机制被称为轻子生成机制 (leptogenesis), 指的是轻子数不对称的产生机制. 在标准模型中, 重子数与轻子数分别由量子反常效应过程破坏, 但二者之差却是守恒的. 这就将重子数的改变与轻子数的改变连在了一起. 轻子生成机制需要轻子数破坏过程、轻子部分的 C 和 CP 破坏以及非平衡态的实现. 这些条件在一般的描述有质量中微子的模型中都可以实现. 比如对于简单的跷跷板 (see-saw) 模型, 中微子是马约拉纳型, 破坏了轻子数对称性, 重的右手中微子退耦提供了非平衡条件. 由于中微子振荡物理的推动, 轻子生成机制是目前看来最自然的解释宇宙反物质消失之谜的机制.

上一章中讲到, 中微子振荡由 6 个参数描述, 3 个混合角和 2 个质量平方差都已测到, 但其中一个质量平方差的符号 (也称为中微子质量顺序问题) 和 CP 破坏相角还未知. 因此这两个问题是下一代中微子实验要解决的关键问题.

正在建设中的下一代中微子实验主要有中国的江门中微子实验, 美国的 DUNE 实验和日本的顶级神冈实验. 江门中微子实验主要测量质量顺序, 不能测量 CP 破坏. 加速器中微子实验 DUNE 和顶级神冈可以比较正反中微子振荡的差异, 从而测量 CP 破坏. 在加速器中微子实验中, 先将质子加速到几十 GeV 的能量, 然后打靶产生 π 介子, 通过磁铁聚焦后, π 介子衰变产生 μ 子中微子束流. 如果改变磁铁的电流方向, 就能分别聚焦带正电和带负电的 π 介子, 产生正中微子和反中微子. 如果 CP 破坏不为零, 正反中微子的振荡概率将不同, 这样可以直接观测到中微子振荡引起的正反物质不对称性. 可靠地测量质量顺序和 CP 破坏相角需要下一代中微子实验, 不过目前正在运行的加速器中微子实验 —— 日本的 T2K 和美国的 NOvA, 已经发现了一些质量顺序为正、CP 破坏相角较大的迹象.

相信在不久的将来, 我们就能确定中微子 CP 破坏的大小, 向完全理解宇宙的起源跨出坚实的一步.

第十一章　奇妙中的疑难

至此本书已带领读者畅游了奇妙的粒子世界, 展示了对自然界物质结构探索已从早先的原子层次深入到夸克和轻子这一新层次. 从本书的介绍中, 读者可以明显地看到粒子物理学的创生和发展经历了三个阶段: 第一阶段 (1897—1937) 中基本粒子概念形成; 第二阶段 (1937—1964) 是基本粒子大发现时期; 第三阶段 (1964—现在) 进入遵从标准模型理论的夸克和轻子新层次.

20 世纪 70 年代至今, 大量的高能物理实验证实了粒子物理中的标准模型理论 (电弱统一理论与描述夸克之间强相互作用的量子色动力学理论合在一起, 统称为粒子物理的标准模型理论). 标准模型理论的基本成分是夸克和轻子、传递相互作用的媒介子 (光子、中间玻色子和 8 种胶子), 以及新发现的希格斯粒子, 共有 61 种粒子 (6 种夸克和它们的反夸克, 每一夸克有 3 种不用颜色, 共有 36 种不同夸克, 6 种轻子和反轻子共有 12 种, 媒介子有 12 种, 希格斯粒子 1 种). 标准模型理论成功地经受了 50 余年的实验检验, 它是近半个世纪的对于物质结构的研究的结晶, 是 20 世纪探索微观世界规律的极重要的成就.

当今物质结构研究是以实验为基础, 而又基于实验和理论的密切结合而发展的. 人类对自然界物质结构的认识经过一代又一代科学家的努力, 不断深入到深层次的基本成分及其遵从的动力学规律.

从本书的介绍可见, 粒子世界呈现出许多奇妙图像, 同时本书也说明了奇妙之中有疑难, 粒子物理学仍面临着一系列的挑战, 例如:

(1) 夸克和轻子代结构. 物质结构的基本成分夸克和轻子为什么是三代且具有夸克和轻子对称性?

(2) 质量起源. 在标准模型中, 不仅中间玻色子的质量是通过对称性破缺获得的, 而且夸克和轻子的质量也是通过引入希格斯场汤川型耦合给出的. 然而轻子和夸克的质量谱从 eV 一直到 173 GeV, 相差 11 个数量级, 即使同一层次的夸克也从几 MeV 到 173 GeV, 相差数万倍, 这样宽广的质量谱反映了很可能有更深层次的物质结构.

(3) 中微子质量之谜. 中微子具有不为零的质量本身就已超出了标准模型理论, 生成它们如此小的质量的机制是什么?

(4) 新的 CP 破坏源. 轻子部分, 特别是中微子混合有可能产生新的 CP 破坏源能否解释宇宙中正反物质不对称性? 这已成为粒子物理学家和天体物理学家们关注的热点问题.

(5) 夸克禁闭. 为什么夸克被禁闭在强子内部, 从提出夸克模型至今没有观测到自由夸克? 量子色动力学虽然可定性地解释夸克为什么被禁闭在强子内部, 但不能定量地给出夸克禁闭机理.

(6) 真空本质. 从粒子物理学的发展可以看到, 对称性破缺的本质来自真空的不对称性产生的对称性自发破缺机制, 而夸克禁闭可能是量子色动力学物理真空造成的. 因此, 真空不空, 关键在于揭示真空的物质本质, 两者都很可能从对真空的研究中得到破解.

(7) 寻找暗物质和揭示暗能量本质. 目前已发现的物质仅占宇宙质能成分的 4.9%, 那么占宇宙质能成分 26.8%的暗物质和占 68.3% 的暗能量是什么?

(8) 自然界相互作用统一之路. 电弱统一理论告诉我们, 电磁相互作用和弱相互作用在能量远高于中间玻色子质量时是统一的, 在低能时电弱对称性自发破缺, 表现出两种不同的相互作用. 人们很自然地要问, 当能量更高时, 电磁相互作用和弱相互作用与强相互作用是否会形成更大的统一理论, 经对称性破缺构成低能现实世界的不同类型的相互作用规律? 超对称大统一理论是一种尝试.

寻找解决这些难题的途径和发现超出标准模型的新物理将是粒子物理学家未来面临的艰巨任务, 这很可能导致物理学中新的动力学规律的诞生, 并影响未来科学技术的发展. 标准模型很成功, 但不是基本理论, 而是更深层次 (新能标) 动力学规律在低能下的有效理论. 当前, 粒子物理学正沿着三个方向发展: 一是向超高能量发展, 例如欧洲核子研究中心正在运行的 LHC 和进一步的升级计划, 正在策划的超高能直线对撞机 (ILC)、环形正负电子对撞机 CEPC-SPPC 等; 二是向高精度发展, 例如正在运行的超级 B 介子工厂、正在策划的超级 τ–粲工厂, 以及欧洲计划建立的高亮度–大型强子对撞机 (HL-LHC) 等; 三是向宇宙学方向发展, 从天文观测和宇宙演化中发展粒子物理学新观念和新理论. 暗物质和暗能量的本质是超出目前标准模型的新物理, 其发现也是近些年宇宙学研究的一个里程碑式的重大成果. 科学家们正在发展非加速器物理实验 (空间卫星和地下实验室) 并与天文观测相结合探讨自然界的奥秘. 这三大方向的发展相辅相成, 都将对物质、能量、时间和空间的新理论创立起决定作用. 它们的目标在于深入研究现今这一层次的夸克、轻子以及相互作用的运动规律, 进而试图揭示更深层次的物理性质和规律. 未来粒子物理实验和天文观测发现的新物理现象和理论突破密切结合, 必将揭示超出标准模型的新的物理规律, 奇妙的粒子世界将更加奇妙!

后　记

在本书即将付印之际, 我颇感言犹未尽, 故写一后记继续表达有关粒子物理学发展史的感想. 我在 2018 年 2 月将《中国大百科全书》中的《粒子物理学》条目交稿以后, 就开始思考写一本关于粒子物理学的科普书, 因为在撰写《粒子物理学》条目过程中回顾了从电子发现至今, 整个粒子物理学的发展历程, 非常发人深省. 我于 2018 年 8 月着手撰写, 2019 年 2 月邀请曹俊参加, 历时两年后, 完成了本书的初稿.

我对粒子物理学 (高能物理学) 的了解是从 1957 年进入北京大学物理系后开始的. 我在大学毕业前一年学习了基本粒子物理和色散关系理论, 并开始学做一点科研, 在《物理学报》发表了我的第一篇粒子物理论文. 1963 年本科毕业后, 我考取了中国科学院原子能研究所的研究生, 导师为朱洪元先生. 从此, 我便开始了粒子物理学研究生涯, 一干就是半个多世纪. 初期科研是比较艰难的. 由于 20 世纪 50—60 年代国际交流渠道的限制, 那时国内科研人员仅能从晚些时候影印的国外学术期刊 (国家买到原版学术期刊并影印后, 各单位图书馆再购买) 中获悉国际粒子物理学研究的信息和发表的文章. 而同时, 国内的研究成果和学术论文既不能送到国际会议, 也不能送到国外学术刊物发表. 当时国内能发表物理研究的学术刊物又很少.

20 世纪 60—70 年代是粒子物理学飞速发展的时期, 我有幸见证了这段历史. 那个时期国际上已发现了大量基本粒子. 1961 年, 盖尔曼和内曼提出了用强相互作用的 SU(3) 对称性来对强子进行分类的 “八重法”. 1964 年, 盖尔曼基于八重法分类成功提出了夸克假说 (同时茨威格也提出了类似的假说). 很快我们几位研究生就停止了色散关系的研究工作, 转入基本粒子物理对称性和夸克模型方向, 并在 1965—1966 年间参加了层子模型理论研究. 这些年来, 很多朋友问过我层子模型研究的相关历史, 所以我在本书中用一定篇幅专门介绍了层子模型研究的始末. 层子模型理论对于中国粒子物理学发展是一段重要的历程, 在书中我力求以真实情况向读者介绍并给出中肯的评价. 层子模型取得系统成果不久, 便由于"文化大革命"被迫停顿. 如果没有这十年中断, 我们这些刚入门科研工作的研究生和青年科学工作者正值最有创新能力的时期, 很有可能在层子模型基础上做出一些重要的贡献. 举个例子, 层子模型研究过程中曾遇到自旋和统计的困难. 1966 年, 中国科技大学的刘耀阳的文章尝试以三套夸克方案来解决这一难题. 如果坚持探索并选对对称群, 完全有可能走向提出色自由度概念的正确方向 (国际上在 1972 年提出了三种色自由度的精确 SU(3) 对称性). 然而科研道路上是没有"如果"的, 有时谁先捅破窗户纸可能就是重大突破, 其他人再谈"如果"也是无用的. 十年停顿深深地影响了我们这一代人, 甚至更远.

20 世纪 70 年代初, 杨振宁、李政道两位诺贝尔物理学奖获得者先后访问北京, 受到了毛主席和周总理接见. 当时杨、李两位先生都特别提到要重视基础理论研究, 使基础研究出现了转机. 1978 年, 改革开放带来了科学的春天, 粒子物理学研究得到了中央的进一步支持. 1978 年 8 月, 我国科学家首次参加了在东京举办的第 19 届国际高能物理大会. 正是这次会议开创了我国科学家参加国际会议的先例. 那次国际高能物理大会给我印象最深的是, 会议报告绝大多数是关于电弱统一模型和量子色动力学这两方面理论及实验的进展的. 这对我们冲击很大, 感到了多年来与世隔绝的差距, 恍如大梦醒来. 那时国际上粒子物理理论飞速发展, 不仅非相对论夸克模型在提出后的 $1\sim2$ 年内就发展为相对论夸克模型,而且从在那之前 10 多年提出的夸克模型发展到了动力学的标准模型理论. 特别是 1967—1968 年的电子–质子深度非弹性散射实验, 使人们认识到标度无关性规律意味着大动量迁移下电子看到了质子由夸克、反夸克以及将它们束缚在强子内部的胶子组成. 而国内对国际最新发展一无所知. 讲一个故事可见当时的状态. 1972 年美国总统尼克松访华后, 一些美国科学家相继访问北京. 美国加州理工学院校长戈德伯格在到达后第二天, 胡宁先生陪他去长城时, 说两天后他的学术报告不是讲他自己的工作, 而是讲代表美国最高水平的工作. 胡宁先生从长城回来后立即把这个消息告诉了我们北京的三个合作单位, 于是动员所有人去图书馆查文献来猜测戈德伯格讲什么, 要有所准备并在报告中提出问题, 不要暴露出我们不知道国际上的进展. 经过突击准备, 我们总算猜到了一点眉目, 在戈德伯格讲电弱相互作用统一模型时还能跟上并提出问题. 1972 年以后, 杨振宁、李政道以及一些美、欧科学家访华, 国内一些著名科学家也应邀访问美、欧, 这些不多的交流带来了关于国外粒子物理研究成果的信息, 但由于当时的形势, 国内粒子物理学界对国际最近进展仍知之甚少. 例如, 1974 年底, 周培源先生访美后, 带回了在斯坦福大学时见到的一份报纸, 报道说 SLAC 发现了一种新粒子, 大质量、窄宽度, 很难填充在已有的夸克模型中 (这就是 1974 年 11 月丁肇中发现的 J 粒子和里克特发现的 Ψ 粒子, 后来统称为 J/Ψ 粒子). 于是他召集北京在层子模型时期合作的三个单位一起就凭这张报纸的上百字的信息研究新粒子的性质. 值得庆幸的是, 当时我们获得特许, 可以少参加点 “革命”, 多点时间做科研, 因而开始了对新的粲粒子的研究. 我们在层子模型的基础上将三种夸克推广到包含第四种夸克 —— 粲夸克 c, 认为新粒子是粲夸克和反粲夸克的束缚态, 从 SU(4) 对称性出发研究它的产生和衰变性质. 然而国际粒子物理学发展已从夸克模型发展到夸克和胶子相互作用的动力学理论阶段, 再利用被搁置十年的层子模型理论, 在国际上已毫无竞争力.

1967—1973 年, 短短的 6 年里诞生了电弱相互作用统一理论和强相互作用的量子色动力学理论, 两者合在一起构成了当今粒子物理标准模型理论.

1979 年邓小平访美以后, 我国由政府出资, 派出一批访问学者自带基本生活费去美国、欧洲、日本等国家的著名国家实验室和高等院校学习和工作, 我们可以自主选择研究机构和大学. 李政道教授在北京用三个月时间系统地讲授粒子物理、量子场论和统计物理后, 还专门安排高能物理理论和实验以及加速器方面的科研工作者以访问学者身份去美国做访问研究. 例如, 1979 年我们去斯坦福直线加速器中心 (SLAC) 的高能物理理论和实验的访问学者大约就有 15 人. 丁肇中教授也安排了一批中国高能物理工作者去往 DESY 的 Mark J 组进修和做长期合作研究. 1978 年开始了一系列长期和短期的学术交流, 特别是一批中国科学家进入国际著名国家实验室和顶尖高等学府与粒子物理大师们交流, 并开始在国际顶级期刊上发表文章, 在著名大学做学术报告, 在国际会议上做邀请报告, 这极大地缩小了之前国内与国际先进水平的差距, 追回了由于 "文革" 耽误的时间, 同时也使国内科研人员掌握了国际粒子物理学的最新进展, 缩短了与国外同行的差距. 1979 年 8 月, 高崇寿、李炳安和我作为访问学者去 SLAC 理论组工作. 那年 11 月底, 我们参加了在加州大学尔湾分校召开的 "味道、颜色和统一" 国际会议, 有幸见到了费曼. 他从加州理工学院开车过来参加会议, 并做了微扰量子色动力学的综述报告. 与会者指给我们看费曼的汽车外面画的好些量子电动力学费曼图. 费曼听说有来自中国的科学家参加会议, 特地与我们一起交谈合影, 至今我仍保存着这一珍贵照片 (见图 1). 在两年多里, SLAC 理论组对我们几位中国学者非常友好, 从学术到生活对我们帮助很大, 使我们受益良多. 例如 1980 年夏某一天晚上, 高崇寿骑车下坡拐弯时摔倒昏迷, 被及时送到斯坦福大学医院, SLAC 常务副所长德雷尔 (S. Drell) 亲临医院, 连夜安排手术抢救成功. 又如 1980 年 4 月初, 一次学术报告刚结束, 德雷尔说大家不要离开, 这时秘书推车送上一个大蛋糕, 祝我 40 岁生日快乐. 这令身在异乡的我感到非常惊喜, 彼时彼景至今难忘. 20 世纪 60—70 年代, SLAC 处于鼎盛时期, 先后于 1967 年发现标度无关性定律, 1974 年发现粲粒子, 1975 年发现 τ 子, 还有其他重要发现. SLAC 理论组拥有好几位国际著名科学家, 而且每年都有很多国际著名科学家去那里访问交流, 他们的学术报告和科研方法都很有启发. 例如在我的记忆中, 费曼的报告以生动直观的物理图像给听众留下了深刻的印象.

图 1　1979 年 11 月美国尔湾, 费曼与参会的中国物理学家交谈

在美国的两年多里, 我也应邀访问了许多国际上著名的高等学府和国家实验室做学术报告和学术交流, 增长了见识, 结交了朋友. 回国后我仍然与他们保持联系和学术来往, 为培养年轻人才拓展渠道.

长期以来, 我国高能物理没有实验基地. 1981 年 3 月, 中国科学院高能物理研究所的朱洪元和谢家麟两位副所长在访问美国期间, 听取了李政道教授和 SLAC 的帕诺夫斯基 (W. Panofsky) 教授的建议, 考虑到我国国情和国际高能物理发展的需要, 计划建造一台类似于 SLAC 的正负电子对撞机

(SPEAR, 这台机器发现了粲粒子和 τ 子) 但亮度要高于它的正负电子对撞机. 朱、谢两位还在纽约的时候, 我们这些在 SLAC 由高能所派出的 15 位理论和实验方面的访问学者就已经接到通知, 要在朱、谢访问 SLAC 时组织一个粲粒子物理研讨会, 并要求我们配合做好准备工作. 此次会议主要由 SLAC 曾在 SPEAR 机器上做实验的 Mark III 组报告在 τ–粲能区已取得的成果以及潜在的重要物理问题, 从而论证在这一能区建造一台 4.4 GeV 正负电子对撞机的科学意义. 记得在此会议期间, 有一天里克特打电话给我, 要约请朱洪元谈方案. 我陪朱先生去他的办公室后, 他建议我国正负电子对撞机的能量提高到 10 GeV, 这样不仅可以研究粲粒子, 还可以研究 B 介子, 物理上更有意义. 朱先生向他解释, 我国因经费和技术条件所限, 还是选择 4.4 GeV 为好. 最终邓小平亲自批准了北京正负电子对撞机 (BEPC) 的建造并参加了开工典礼. 在决策过程中, 李政道先生起了极其重要的作用. 此后, 从 BEPC 建造到做出国际水平成果, 李政道先生都为我国高能物理发展做出了不可磨灭的贡献 (图 2 拍摄于 1984 年 BEPC 开工典礼上). 北京谱仪 (BES) 关于 τ 子质量精确测量和 R 值测量等结果在国际高能物理界受到了广泛的好评和重视, 一系列的实验结果刷新和增加了粒子物理手册的记录, 使中国科学院高能物理研究所跻身世界八大高能物理

图 2　在北京正负电子对撞机开工典礼上的合影. 左起: 方毅、李政道、周培源、宋健、朱洪元、谢家麟

实验室之列, 在粲物理研究领域处于国际领先地位. 我国粒子物理学研究队伍迅速成长和壮大, 很多大的国际实验组都有中国科学家参加, 在国际竞争中发挥了重要作用.

1998 年 8 月, 我参加了在加拿大温哥华举办的第 29 届国际高能物理会议. 会上有两大热点: 一是天文观测发展表明宇宙常数不等于零, 宇宙中隐藏着一种未知的力, 正在推动宇宙加速膨胀, 而且与普通物质的性质完全不同, 这种力具有负的压强, 被称为 “暗能量”. 二是发现了 “大气中微子反常”, 以确凿的证据发现了大气中微子振荡, 表明中微子质量不等于零. 我回国后在自然科学基金委和中国科学院组织的若干会议上介绍了国际上的这两大热点, 并力荐要重视中微子和宇宙学两方面的进展, 开展相关研究.

中微子振荡由 6 个参数描述, 太阳中微子振荡确定了其中的一组参数 θ_{12}, 大气中微子振荡确定了另一组参数 θ_{23}, 还有混合角 θ_{13} 和 CP 破坏相角 δ 未知. 因此, 寻找与混合角 θ_{13} 相关的第三种振荡模式成为研究的焦点. 中国科学家抓住机遇, 于 2007 年开始建设大亚湾反应堆中微子实验. 这是首次以中国科学家为主, 美国等国外科学家参与合作的科学装置, 在 2011 年底投入运行. 2012 年 3 月, 大亚湾实验在激烈的国际竞争中以超过 5 倍标准差的置信水平率先发现了第三种振荡模式的存在, 并精确测量了参数 θ_{13} 的大小. 大亚湾中微子实验结果震动了国际高能物理界, 并获得了 2016 年度国家自然科学奖一等奖, 本书另一位作者曹俊是第二完成人.

大亚湾实验发现 θ_{13} 值远大于预期, 表明用现有技术就可以测量中微子质量顺序和 CP 破坏, 国际上多个新的中微子实验已被批准, 包括中国的江门中微子实验 (JUNO). 江门中微子实验于 2013 年正式批准立项, 2015 年开始建设, 预计 2022 年建成并开始运行. 通过这些新的实验, 预期未来的 $10\sim20$ 年, 我们将对中微子振荡有更加全面的理解.

我国高能物理经过几代实验、加速器和理论物理学家的努力, 取得了从靠天吃饭的宇宙线观测站发展到北京正负电子对撞机实验基地建立并做出有国际影响力的成果、从参加国际大型实验合作发展到以我为主的大亚湾中微子实验国际合作并获得国际大奖的成绩, 科研条件大大改善, 研究经费成万倍增长, 很多中青年科学家承担重任并做出了许多具有国际水平的成果. 我国高能物理事业在未来 10 ~ 20 年内必将实现新的飞跃.

标准模型理论在成功的同时也面临两大挑战——对称性破缺的本质和夸克禁闭, 这意味着标准模型理论需要发展和突破. 关键的问题是实验. 深层次物质结构研究的新发展趋势有三点值得重视: (1) 大型强子对撞机 (LHC) 和计划中的高能对撞机在实验上的新发现, (2) 天文观测实验和其他非加速器实验室 (空间、地下等) 的新数据, (3) 低能精密实验中出现的对标准模型理论的偏离. 这三方面的实验结果都可能会揭示超出标准模型的新物理.

过去的 30 ~ 40 年, 人们曾尝试了许多扩充和发展标准模型的新物理模型和理论, 大致可分为两类不同的途径: 一类是设想新物理的能标在 1 TeV 附近. 例如保留标准模型的现有结构, 引入新对称性和新粒子来抵消希格斯场所带来的缺陷. 电弱统一理论告诉我们, 电磁相互作用和弱相互作用在能量远高于中间玻色子质量时是统一的, 在低能时电弱对称性自发破缺, 表现出两种不同的相互作用. 人们很自然地要问, 当能量更高时, 电弱统一的相互作用与强相互作用是否会形成更大的统一理论? 超对称大统一理论就是一种尝试, 其中最流行的是最小超对称标准模型 (MSSM). 该模型设想自然界具有超对称性 (费米–玻色对称性), 因而每个现有的粒子都有一个与它自旋相差 1/2 的超对称伴随子, 由希格斯粒子的超对称伴随子来抵消标准模型的缺陷. 当时实验上没有发现超对称伴随子, 所以超对称伴随子只能很重, 即超对称性是破缺的, 这就要求模型的能标约为 1 TeV. 然而超对称预言的超对称伴随子至今一个也没有在实验中被发现, 这是走向四种相互作用统一理论面临的最大的挑战. 另一类是 20 世纪 80 年代基于量子场论发展起来的超弦理论, 能标大大超过 TeV, 是在普朗克标度 (10^{19} GeV). 超弦理论将物质粒子描述为弦的各种不同振动模式, 而量子引力可以自然地包含在超弦理论中. 引力相互作用存在于自然界的万物之中, 经典引力相互作用由爱因斯坦的广义相对论来描述, 爱因斯坦引力场方程联系了时间、空间和物质. 但引力的量子化一直面临困难, 超弦理论给出了一种可能的解决办法. 超弦理论要求时空是 10 维的, 一个普遍的看法是额外的 6 维空间紧致化为普朗克标度的一个很小的空间, 大大超出目前实验能量的范围, 因而我们实际所处的时空仍是 4 维的. 那么很自然地要问, 这紧致化的额外空间对物质粒子在 4 维时空中运动产生的物理效应是什么, 如何观察? 超弦理论在力图深入了解夸克禁闭现象、建立正确的量子引力理论、统一四种基本相互作用和发展近代数学的需求刺激下, 沿着非微扰及大范围性质的研究方向, 取得了一系列重要进展. 超弦理论的新发展可能与早期宇宙联系起来发展为弦宇宙学, 也可能与未来的高能加速器实验相结合, 从而展现出新的前景.

物理学毕竟是一门实验科学, 只有经过实验检验的理论才是正确的理论, 揭示时间、空间、物质和能量本质的新理论也必然在新的实验结果推动下得以发展. 粒子物理学对物质结构的探索, 从低能量加速器到高能量加速器, 并且在理论上追求不同能量标度的大统一理论, 这正是与宇宙演化过程反向的, 两者探讨的物理相连接, 粒子物理学与宇宙学的交叉也是必然的. 注重粒子物理学、天文学和宇宙学的交叉发展, 联手解决面临的难题, 将最终揭示超出标准模型的新物理规律.

黄涛

2021 年 5 月